职业技术教育与培训系列教材

建筑工程材料实验员

培训教程

主　编　刘千福

天津大学出版社
TIANJIN UNIVERSITY PRESS

图书在版编目（CIP）数据

建筑工程材料实验员培训教程／刘千福主编. 一天津：天津大学出版社，2021.5

职业技术教育与培训系列教材

ISBN 978－7－5618－6923－9

Ⅰ.①建⋯　Ⅱ.①刘⋯　Ⅲ.①建筑材料—实验—中等专业学校-教材　Ⅳ.①TU5－33

中国版本图书馆 CIP 数据核字（2021）第 083524 号

出版发行		天津大学出版社
地	**址**	天津市卫津路 92 号天津大学内（邮编：300072）
电	**话**	发行部：022－27403647
网	**址**	www. tjupress. com. cn
印	**刷**	北京盛通商印快线网络科技有限公司
经	**销**	全国各地新华书店
开	**本**	184mm×260mm
印	**张**	12
字	**数**	293 千
版	**次**	2021 年 5 月第 1 版
印	**次**	2021 年 5 月第 1 次
定	**价**	35.00 元

亚洲开发银行贷款甘肃白银城市综合发展项目
职业教育与培训子项目短期培训课程课本教材

丛书委员会

主　　任　王东成

副 主 任　崔　政　　张志栋
　　　　　王　瑊　　张鹏程

委　　员　李进刚　雒润平　魏继昌　卜鹏旭
　　　　　孙　强　王一平　刘明民　贾康炜

指导专家　高尚涛

本书编审人员

主　　编　刘千福

副 主 编　陈　涛　徐晓莉　刘艳民

前　言　PREFACE

党的十八大以来，中央将精准扶贫、精准脱贫作为扶贫开发的基本方略，扶贫工作的总体目标是到 2020 年"确保我国现行标准下农村贫困人口实现脱贫，贫困县全部摘帽，解决区域性整体贫困。"新阶段的中国扶贫工作更加注重精准度，将扶贫资源与贫困户的需求准确对接，将贫困家庭和贫困人口作为主要扶持对象，而不是仅仅停留在扶持贫困县和贫困村的层面上。为了更深入地贯彻"精准扶贫"的理念和要求，推动就业创业教育，转变农村劳动力思想意识，激发农村劳动力脱贫内生动力，是扶贫治贫的根本。开展就业创业培训，提升农村劳动力知识技能和综合素养，满足持续发展的经济形势及不断升级的产业对岗位的需求，是扶贫脱贫的主要途径。

近年来，国家大力提倡在职业教育领域实现《现代职业教育体系建设规划（2014—2020 年）》，该规划要求"大力发展现代农业职业教育。以培养新型职业农民为重点，建立公益性农民培养培训制度。推进农民继续教育工程，创新农学结合模式。"2011年，甘肃省启动建设兰州 – 白银经济圈，试图通过整合城市和工业基地推动其经济转型。2018 年，靖远县刘川工业园区正式被批准为省级重点工业园区，为推进工业强县战略奠定基础。为了确保白银市作为资源枯竭型城市转型成功，白银市政府实施了亚洲开发银行贷款城市综合发展二期项目。在项目实施中，亚洲开发银行及白银市政府高度重视职业技术教育与培训工作，作为亚洲开发银行贷款二期项目中的特色，主要依靠职业技能培训为刘川工业园区入住企业及周边新兴行业培养留得住、用得上的技能型人才，为促进地方经济顺利转型提供技术和人才保证。本次系列教材的组织规划也正是响应国家关于职业教育发展方向的号召，以出版物为载体，完成完整的就业培训课程体系。

本课程是根据《建筑与市政工程施工现场专业人员职业标准》（JGJ/T 250—2011）关于实验员岗位技能要求，结合现场施工技术与管理实际工作需要，按照初级职业技能培训要求与课程规范标准，针对初级建筑工程材料实验员设置的，它是其他专业课的总结提升，同时又相辅相承。通过对水泥的试验、土的试验、沥青的试验、细集料的试验、粗集料的试验共 5 个学习任务的学习，培养学员具备一定的职业道德素质，掌握建筑工程材料试验原理、主要设备概况、试验步骤以及试验数据的计算与评定、试验结果的验收等知识和技能。通过培训使培训对象掌握建筑工程材料实验员应具备的基础知识和必备的操作技能。培训完毕，培训对象应能够独立上岗，完成简单的常规技术操作工作。在教学过程中，应以专业理论教学为基础，注意职业技能训练，使培训对象掌握必要的专业知识与操作技能，教学注意够用适度原则。

本书学习任务一、学习任务二由刘千福编写，学习任务三由陈涛编写，学习任务四由徐晓莉编写，学习任务五由刘艳民编写，全书由刘千福统稿和定稿。

本书在编写过程中，得到靖远县职业中等专业学校和陕西琢石教育科技有限责任公司等单位领导、企业专家的大力支持和帮助，在此表示衷心的感谢。

限于编者水平，书中难免不足之处，欢迎培训单位和培训学员在使用过程中提出宝贵意见，以臻完善。

编　者

目 录 CONTENTS

水泥这种建筑材料大家并不陌生，现在的建筑物基本上都是混凝土和钢筋的产物。人们住在钢筋混凝土搭建的楼房里，走在混凝土铺就的街道上。水泥制品随处可见，唾手可得，如图1-1所示。

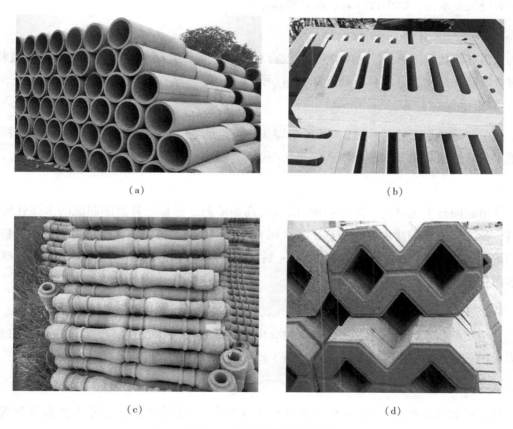

（a）　　　　　　　　　　　　　　　　（b）

（c）　　　　　　　　　　　　　　　　（d）

图1-1　生活中的水泥制品

（a）水泥涵管　　（b）下水井盖　　（c）水泥护栏　　（d）水泥花砖

在建筑工程施工中通用硅酸盐水泥有硅酸盐水泥、普通硅酸盐水泥、粉煤灰硅酸盐水泥、火山灰硅酸盐水泥、矿渣硅酸盐水泥和复合硅酸盐水泥等六种。

一、 硅酸盐水泥

凡由硅酸盐水泥熟料、0% ~5% 的石灰石或粒化高炉矿渣、适量石膏磨细制成的水硬性胶凝材料，称为硅酸盐水泥（即国外通称的波特兰水泥）。硅酸盐水泥分两种类型，不掺加混合材料的称为 I 型硅酸盐水泥，代号 P·I；在硅酸盐水泥磨细时掺加不超过水泥质量 5% 的石灰石或粒化高炉矿渣混合材料的称为 II 型硅酸盐水泥，代号 P·II。

二、 掺混合料的硅酸盐水泥

为了改善硅酸盐水泥的某些性能，增加水泥品种，扩大应用范围，同时达到增加产量和降低成本的目的，在硅酸盐水泥熟料中掺入适量的混合材料，与石膏共同磨细制成不同品种的硅酸盐水泥，称为掺混合料的硅酸盐水泥。

1. 普通硅酸盐水泥

凡由硅酸盐水泥熟料、6% ~20% 的混合材料、适量石膏磨细制成的水硬性胶凝材料，称为普通硅酸盐水泥（简称普通水泥），代号 P·O。

2. 粉煤灰硅酸盐水泥

凡由硅酸盐水泥熟料、20% ~40% 粉煤灰、适量的石膏磨细制成的水硬性胶凝材料称为粉煤灰硅酸盐水泥（简称粉煤灰水泥），代号 P·F。

3. 矿渣硅酸盐水泥

凡由硅酸盐水泥熟料、20% ~70% 的粒化高炉矿渣、适量石膏磨细制成的水硬性胶凝材料，称为矿渣硅酸盐水泥（简称矿渣水泥），代号 P·S。其中，含有 20% ~50% 的粒化高炉矿渣的矿渣硅酸盐水泥代号为 P·S·A；含有 50% ~70% 的粒化高炉矿渣的矿渣硅酸盐水泥代号为 P·S·B。

4. 火山灰硅酸盐水泥

凡由硅酸盐水泥熟料、20% ~40% 的火山灰、适量石膏磨细制成的水硬性胶凝材料，称为火山灰硅酸盐水泥（简称火山灰水泥），代号 P·P。

5. 复合硅酸盐水泥

凡由硅酸水泥熟料、20% ~50% 的两种及两种以上的混合材料、适量石膏磨细制成的水硬性胶凝材料，称为复合硅酸盐水泥（简称复合水泥），代号 P·C。

六大通用硅酸盐水泥是工程中最常使用的胶凝材料，水泥的质量直接影响到建筑结构的安全性，建筑工程中正确使用质量过硬且合格的水泥是工程质量的重要保证。因此，水泥的质量检验是施工过程中非常重要的一个环节。

项目一　水泥密度试验

水泥密度是水泥混凝土配合比设计中的重要参数。

白银市某商品混凝土拌和站新进场一批散装 P·C32.5 水泥，质量大约是 200 t。该批水泥拟用来拌和 C30 混凝土，由于水泥密度是混凝土配合比设计中的重要参数，因此拌和站委托我校胶材实验室对水泥密度进行检测。实验室主任安排实验员在监理的见证下取样，并采用李氏密度瓶法检测水泥的密度。试验完成后，实验员需要对试验结果进行计算和评定，最后填写试验记录表并交付实验室主任审核。

⚾ 接受任务

试验任务单见表 1-1-1。

表 1-1-1　试验任务单

工作地点	胶材实验室	工　时	30 h	任务接受部门	胶材实验室
下发部门		下发时间		完成时间	
工作内容					备注
(1) 取样，制备水泥密度试验的试样。 (2) 进行水泥密度试验。 (3) 进行水泥密度试验结果计算与评定。 (4) 填写水泥密度试验的试验记录表。					
序号	水泥密度试验的技术参数				单位
1	m：水泥质量				g
2	V_1：初始无水煤油体积的读数				cm^3
3	V_2：装入水泥后无水煤油体积的读数				cm^3

👷 任务实施

一切准备就绪，我们按照计划开始工作吧！

 ### 知识链接　认识水泥密度试验

一、水泥密度试验的目的与适用范围

(1) 本方法规定了水泥密度的检测方法。

(2) 本方法适用于硅酸盐水泥、普通硅酸盐水泥、矿渣硅酸盐水泥、粉煤灰硅酸盐水泥、火山灰硅酸盐水泥、复合硅酸盐水泥、道路硅酸盐水泥及指定采用本方法的其他粉状

物料的密度测定。

二、方法原理

将水泥装入装有一定量液体介质的李氏密度瓶内，并使液体介质充分浸透水泥颗粒。根据阿基米德定律，水泥的体积等于它所排开的液体体积，从而计算出单位体积水泥的质量，即为密度。为使测定的水泥不产生水化，液体介质采用无水煤油。

三、主要仪器与材料介绍

（1）李氏密度瓶：检定水泥密度用的李氏密度瓶容积为 220 ~ 250 mL，带有长 180 ~ 200 mm、直径约 10 mm 的细颈，细颈上刻度读数由 0 mL 至 24 mL，且 0 ~ 1 mL 和 18 ~ 24 mL 具有 0.1 mL 刻度线，如图 1 - 1 - 1 所示。

（2）恒温水槽或其他保持恒温的盛水玻璃容器。

（3）电子天平：量程大于 100 g，感量不大于 0.01 g，如图 1 - 1 - 2 所示。

（4）温度计：分度值不大于 0.1 ℃。

（5）滤纸。

图 1 - 1 - 1 李氏密度瓶   图 1 - 1 - 2   电子天平

四、水泥取样一般方法

水泥样品应有代表性，样品处理方法按《水泥取样方法》（GB/T 12573—2008）的规定进行。

（1）散装水泥。对同一水泥厂生产的同期出厂的同品种、同强度等级（标号）的水泥，以一次进场的同一出厂编号的水泥为一批，但一批总质量不得超过 500 t。随机地从不少于 3 个罐车中各取等量水泥，混拌均匀后，再从中称取不少于 12 kg 水泥作为检验试样。

（2）袋装水泥。对同一水泥厂生产的同期出厂的同品种、同强度等级（标号）的水泥，以一次进场的同一出厂编号的水泥为一批，但一批总质量不得超过200 t。随机地从不少于20袋中各取等量水泥，混拌均匀后，再从中称取不少于12 kg水泥作为检验试样。

（3）按照上述方法取得的水泥样品，在按标准规定进行检验前，将其分成两份：一份用于标准检验；一份密封保存三个月，以备有疑问时复检。

（4）当在使用中对水泥质量有怀疑或水泥出厂时间超过三个月时，应进行复检，按复检结果使用。

（5）对水泥质量发生疑问需要进行仲裁时，应按仲裁方法进行。

（6）交货与验收。交货时，水泥的质量验收可抽取实物试样，以其检验结果为依据，也可以水泥厂同编号水泥的检验报告为依据。采取何种方式验收由买卖双方商定，并在合同协议中注明。

 | 注意事项 |

电子天平的使用方法及注意事项：
（1）调整电子天平处于水平状态，操作天平不可过载使用，以免损坏天平；
（2）称量易挥发和具有腐蚀性的物品时，要盛放在密闭的容器内，以免腐蚀和损坏电子天平；
（3）经常保持天平称量台的清洁，一旦物品撒落应及时清除干净。

步骤一　取样及制备试样

（1）水泥取样依据国家标准《水泥取样方法》（GB/T 12573—2008）的规定进行。

（2）水泥预先过0.9 mm的方孔筛，在100 ℃±5 ℃温度下干燥1 h，并在干燥器内冷却至室温。

步骤二　水泥密度试验

（1）将无水煤油注入李氏密度瓶中，使其液面处于0～1 mL刻度线内（以弯月液面的下部为准），然后盖上瓶塞并放入恒温水槽内，如图1-1-3所示。使刻度部分浸入水中（水温控制在李氏密度瓶刻度上的温度），恒温30 min，记录第一次读数。

（2）从恒温水槽中取出李氏密度瓶，用滤纸将瓶内液体表面以上的剩余部分仔细擦净，如图1-1-4所示。

（3）称取水泥60 g，精确至0.01 g，利用小匙借助洗净烘干的玻璃漏斗将水泥装入李氏密度瓶中，反复摇动，直至没有气泡排出，再次放入恒温水槽，在相同温度下恒温30 min，并记录第二次读数，如图1-1-5所示。

（4）两次读数时，恒温水槽温差不大于0.2 ℃。

（5）试验操作结束后，填写水泥密度试验记录表（表1-1-2）。

1-1-3　将李氏密度瓶放入恒温水槽　　图1-1-4　用滤纸擦拭　　图1-1-5　加入水泥试样

表1-1-2　水泥密度试验记录表

		水泥密度 （李氏密度瓶法） 试验						
试验次数	水泥质量 m（g）	液面读数与温度				水泥所排开无水煤油的体积 V（cm³）	密度（kg/cm³）	平均密度（kg/cm³）
		初始（第一次）无水煤油体积的读数 V_1（cm³）	水槽的温度（℃）	装入水泥后混合物体积的读数 V_2（cm³）	水槽的温度（℃）			
1								
2								

步骤三　水泥密度试验结果计算与评定

（1）水泥密度按式（1-1-1）计算：

$$\rho = 1\,000 \times \frac{m}{V} \qquad\qquad (1-1-1)$$

式中　ρ——水泥的密度，kg/m³；

　　　m——装入李氏密度瓶的水泥质量，g；

　　　V——在试验所确定温度条件下被水泥所排出的液体体积，即李氏密度瓶第二次读数减去第一次读数，cm³。

（2）密度须以两次试验结果的平均值确定，计算精确至10 kg/m³。两次试验结果之差不得超过20 kg/m³。

知识链接

水泥密度试验记录表填写案例，见表1-1-3。

表1-1-3 水泥密度试验记录表填写案例

| 试验次数 | 水泥质量 m (g) | 液面读数与温度 | | | | 水泥所排开无水煤油的体积 V (cm³) | 密度 (kg/cm³) | 平均 (kg/cm³) |
		初始（第一次）无水煤油体积的读数 V_1 (cm³)	水槽的温度 (℃)	装入水泥后混合物体积的读数 V_2 (cm³)	水槽的温度 (℃)			
1	60.00	0.2	20.0	20.0	20.0	19.8	3 030	3 020
2	60.00	0.4	20.0	20.3	20.0	19.9	3 020	

 | 注意事项 |

水泥密度试验注意事项：

（1）试验前，必须检查所用的仪器设备，确保设备功能正常；

（2）两次读数时，恒温水槽温差不大于0.2℃；

（3）试验过程中使刻度部分浸入水中，水温控制在李氏密度瓶刻度上的温度。

步骤四　水泥密度试验验收

1. 现场整理

工作完成后，要按照6S的要求对现场进行整理，整理要求见表1-1-4。

表1-1-4 现场整理情况

名称	整理	整顿	清扫	清洁	安全
设备					
工具					
工作场地					

注解：完成的项目打√，没有完成的项目打×。

2. 技术文件整理

技术文件整理按表1-1-5的要求进行。

表1-1-5 技术文件整理情况

名称	资料所包括内容
水泥密度试验任务单	
水泥密度试验记录表	

3. 实习设备使用登记

实习设备使用登记见表 1 - 1 - 6。

表 1 - 1 - 6　实习设备使用记录表

设备使用记录表					
试验部门			试验日期		
试验名称	水泥密度试验				
试验仪器使用情况					
序号	名称	使用之前检查情况	使用之后复查情况	使用日期	使用者	备注
1						
2						
3						
4						
5						
6						

｜考核评价｜

水泥密度试验过程考核评价见表 1 - 1 - 7。

表 1 - 1 - 7　水泥密度试验过程考核评价表

学习任务一	水泥的试验		项目一	水泥密度试验				
班级：	姓名：		学号：		指导教师：			
评价项目	评价标准	评价依据	评价方式		权重	得分	总分	
			小组评价（30%）	教师评价（70%）				
职业素质	具有团队协作精神；（6分）	1. 教学日志； 2. 课堂记录； 3. 工作现场； 4. 6S 管理标准			6%			
	具有良好的心理素质和克服困难的能力；（6分）				6%			
	具有诚信、敬业、吃苦、耐劳的精神；（6分）				6%			
	具有科学、严谨、创新的工作态度；（6分）				6%			
	具备较强的安全生产意识、质量意识、标准规范意识、环保意识。（6分）				6%			

（续）

评价项目	评价标准	评价依据	评价方式		权重	得分	总分
			小组评价（30%）	教师评价（70%）			
职业技能	水泥见证取样；（10 分）	1. 样品取样单；2. 试验任务单；3. 试验记录表			10%		
	水泥密度试验试样的制备；（10 分）				10%		
	试验仪器设备的安全操作；（15 分）				15%		
	水泥密度试验；（20 分）				20%		
	检测结果分析。（15 分）				15%		

 | 工作小结 |

水泥密度试验工作小结

（1）我们完成这项学习任务后，学到哪些知识、技能和素质？

_____
_____
_____
_____
_____
_____

（2）我们还有些地方做得不够好，我们要怎样继续努力改进？

_____
_____
_____
_____
_____
_____
_____

项目二　水泥负压筛析法细度试验

　　水泥细度是影响水泥性能的重要因素，进而会严重影响商品混凝土的性能。水泥细度越大会导致水泥与超塑化剂的相容性变得越差。同样成分的水泥，颗粒越细，与水接触的表面积越大，水化反应速度越快，并且水化反应越充分，水泥的强度特别是早期强度会越高。水泥颗粒过细，硬化时收缩大，易产生裂缝。

　　白银市某商品混凝土拌和站新进场一批散装 P·C32.5 水泥，质量大约是 200 t。该批水泥拟用来拌和 C30 混凝土，由于水泥细度对混凝土施工有着重大的影响，因此拌和站委托我校胶材实验室对水泥细度进行检测。《通用硅酸盐水泥》（GB 175—2007）中规定：粉煤灰水泥、火山灰水泥、矿渣水泥、复合水泥的细度检测采用负压筛析法。因此，实验室主任安排实验员在监理的见证下取样，并采用负压筛析法检测水泥的细度。试验完成后，实验员需要对试验结果进行计算和评定，最后填写试验记录表，并交付实验室主任审核。

接受任务

　　试验任务单见表 1-2-1。

表 1-2-1　试验任务单

工作地点	实验室	工　时	30 h	任务接受部门	实验室
下发部门		下发时间		完成时间	
工作内容					备注
（1）取样，制备水泥负压筛析法细度试验的试样。					
（2）标定试验筛。					
（3）进行水泥负压筛析法细度试验。					
（3）进行水泥负压筛析法细度试验结果计算与评定。					
（4）填写水泥负压筛析法细度试验的试验记录表。					
序号	水泥细度试验的技术参数				单位
1	m：试样总质量				g
2	m_s：筛余量				g
3	C：试验筛修正系数				

任务实施

　　一切准备就绪，我们按照计划开始工作吧！

知识链接　认识水泥负压筛析法细度试验

一、水泥负压筛析法细度试验的适用范围

　　水泥负压筛析法细度试验适用于硅酸盐水泥、普通硅酸盐水泥、矿渣硅酸盐水泥、火山灰硅酸盐水泥、粉煤灰硅酸盐水泥、复合硅酸盐水泥及指定采用负压筛析法检测细度的其他品种水泥和粉状物料。

二、方法原理

水泥负压筛析法细度试验是采用 45 μm 方孔筛和 80 μm 方孔筛对水泥试样进行筛析试验，用筛上筛余物的质量百分数来表示水泥样品的细度。为保持筛孔的标准度，试验用的试验筛应该用已知筛余百分数的标准样品来标定。

三、术语和定义

负压筛析法：用负压筛析仪，通过负压源产生的恒定气流，在规定筛析时间内使试验筛内的水泥达到筛分。

细度：指水泥颗粒总体的粗细程度。水泥颗粒越细，与水发生反应的表面积越大，水化反应速度越快而且越完全，水泥的早期强度也越高，但在空气中硬化收缩性较大，成本也较高。

硅酸盐水泥、普通硅酸盐水泥细度用比表面积表示。比表面积是单位质量水泥的总表面积（m^2/kg）。国家标准《通用硅酸盐水泥》（GB 175—2007）规定，硅酸盐水泥的比表面积应大于 300 m^2/kg；矿渣硅酸盐水泥、火山灰硅酸盐水泥、粉煤灰硅酸盐水泥和复合硅酸盐水泥的细度以筛余表示，其 80 μm 方孔筛筛余不大于 10% 或 45 μm 方孔筛筛余不大于 30%。

四、主要仪器介绍

（1）试验筛：由圆形筛框和筛网组成，附有透明筛盖，筛盖与筛上口应有良好的密封性，如图 1−2−1(a) 所示。

（2）负压筛析仪：由筛座、负压筛、负压源及收尘器组成，其中筛座由转速为 30 r/min ±2 r/min 的喷气嘴、负压表、控制板、微电机及壳体构成，如图 1−2−1(b) 所示。筛析仪的负压可调范围为 4 000 ~ 6 000 Pa，喷气嘴上口平面与筛网之间距离为 2 ~ 8 mm。

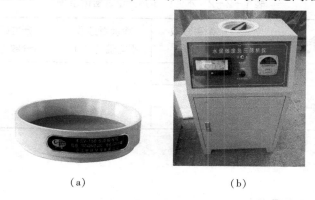

（a）   （b）

图 1−2−1 负压筛析法试验筛和负压筛析仪

（a）试验筛   （b）负压筛析仪

步骤一 取样及制备试样

（1）水泥取样依据国家标准《水泥取样方法》（GB/T 12573—2008）的规定进行。

（2）试验前，所用试验筛应保持清洁，负压筛应保持干燥。试验时，80 μm 筛析试验称取试样 25 g，45 μm 筛析试验称取试样 10 g。

步骤二 水泥试验筛的标定

1. 标定操作

将标准试样装入干燥、洁净、密闭的广口瓶内，盖上盖子摇动 2 min，消除结块。静置 2 min 后，用一根干燥、洁净的搅拌棒搅匀样品。按照筛析法的试验步骤测定标准试样在试验筛上的筛余百分数。每个试验筛的标定应称取两个标准样品连续进行，中间不得进行其他样品试验。

2. 标定结果

将两个样品结果的算术平均值作为最终测定值，但当两个样品筛余结果相差大于 0.3% 时，应称取第三个样品进行试验，并对取得的接近的两个结果进行平均作为最终结果。

试验筛修正系数按照式（1-2-1）进行计算，并精确至 0.01：

$$C = \frac{F_n}{F_t} \qquad\qquad (1-2-1)$$

式中 C——试验筛修正系数；

  F_n——标准样品的筛余标准值%；

  F_t——标准样品在试验筛上的筛余值% 。

修正系数 C 在 0.80 ~ 1.20，试验筛可继续使用，超出这个范围，则淘汰该试验筛。

试验操作结束后，填写水泥负压筛标定试验记录表（表 1-2-2）。

表 1-2-2 水泥负压筛标定试验记录表

样品质量（g）	筛余质量（g）	筛余百分数（%）	筛余百分数平均值（%）	标准筛余百分数（%）	修正系数

知识链接

1. 水泥试验筛标定的原理

用标准样品在试验筛上的测定值与标准样品的标准值的比值来反映试验筛孔的准确度。

2. 水泥细度标准样品

水泥细度标准样品应符合《水泥标准粉》（GSB 14 – 1511—2009）的有关规定，或相同等级的标准样品。有争议时，以 GSB 14 – 1511—2009 标准样品为准。

步骤三　水泥负压筛析法细度试验

（1）筛析试验前，应把负压筛放在筛座上，盖上筛盖，接通电源，检查控制系统，调节负压至 4 000 ~ 6 000Pa，如图 1 – 2 – 2 所示。

（2）称取水泥试样 25 g，精确至 0.01 g，如图 1 – 2 – 3 所示。将试样置于洁净的负压筛中，并放在筛座上，盖上筛盖，接通电源，开动筛析仪连续筛析 2 min，在此期间如有试样附着在筛盖上，可轻轻地敲击筛盖使试样落下。

（3）筛毕，用电子天平称量全部筛余物。

1 – 2 – 2　设定负压筛析仪参数　　图 1 – 2 – 3　称取水泥试样

步骤四　水泥负压筛析法细度试验结果计算与评定

（1）水泥试样筛余百分数按式（1 – 2 – 2）计算，并精确至 0.1%：

$$F = \frac{R_a}{m} \times 100\% \tag{1 – 2 – 2}$$

式中　F——水泥试样的筛余百分数，%；

　　　R_a——水泥筛余物的质量，g；

　　　m——水泥试样的质量，g。

（2）筛余结果的修正。为使试验结果可比，应采用试验筛修正系数来修正式（1 – 2 – 2）的计算结果。

水泥试样筛余百分数结果修正按式（1 – 2 – 3）计算：

$$F_C = CF \tag{1 – 2 – 3}$$

式中　F——水泥试样修正前的筛余百分数，%；

　　　F_C——水泥试样修正后的筛余百分数，%；

　　　C——试验筛修正系数。

（3）每个样品应称取两份试样分别筛析，取筛余平均值作为筛析结果。若两次筛余结果绝对误差大于 0.5%（筛余值大于 5.0% 时可放至 1.0%），应再做一次试验，取两次相近结果的算术平均值作为最终结果。

试验操作结束后，填写水泥负压筛析法细度试验记录表，见表 1-2-3。

表 1-2-3 水泥负压筛析法细度试验记录表

样品质量（g）	筛余质量（g）	筛余百分数（%）	筛余百分数平均值（%）	修正系数	修正后的筛余百分率（%）

知识链接

水泥负筛析法细度试验记录表填写案例，见表 1-2-4。

表 1-2-4 水泥负压筛析法细度试验记录表填写案例

样品质量（g）	筛余质量（g）	筛余百分数（%）	筛余百分数平均值（%）	修正系数	修正后的筛余百分数（%）
25.00	0.30	1.2	1.3	0.95	1.2
25.00	0.32	1.3			
—	—	—			

步骤五 水泥负压筛析法细度试验验收

1. 现场整理

工作完成后，要按照 6S 的要求对现场进行整理，整理要求见表 1-2-5。

表 1-2-5 现场整理情况

名称	整理	整顿	清扫	清洁	安全
设备					
工具					
工作场地					

注解：完成的项目打√，没有完成的项目打×。

2. 技术文件整理

技术文件整理按表 1-2-6 的要求进行。

表 1-2-6　技术文件整理情况

名　称	资料所包括内容
水泥负压筛析法细度试验任务单	
水泥负压筛析法细度试验记录表	

3. 实习设备使用登记

实习设备登记见表 1-2-7。

表 1-2-7　实习设备使用记录表

设备使用记录表					
试验部门			试验日期		
试验名称	水泥负压筛析法细度试验				
试验仪器使用情况					
序号	名称	使用之前检查情况	使用之后复查情况	使用日期	使用者	备注
1						
2						
3						
4						
5						

考核评价

水泥负压筛析法细度试验过程考核评价见表 1-2-8。

表 1-2-8　水泥负压筛析法细度试验过程考核评价表

学习任务一	水泥的试验		项目二	水泥负压筛析法细度试验			
班级：	姓名：		学号：	指导教师：			
评价项目	评价标准	评价依据	评价方式		权重	得分	总分
			小组评价（30%）	教师评价（70%）			
职业素质	具有团队协作精神；（6分）	1. 教学日志； 2. 课堂记录； 3. 工作现场； 4. 6S 管理标准			6%		
	具有良好的心理素质和克服困难的能力；（6分）				6%		
	具有诚信、敬业、吃苦、耐劳的精神；（6分）				6%		
	具有科学、严谨、创新的工作态度；（6分）				6%		
	具备较强的安全生产意识、质量意识、标准规范意识、环保意识。（6分）				6%		

（续）

评价项目	评价标准	评价依据	评价方式		权重	得分	总分
			小组评价（30%）	教师评价（70%）			
职业技能	水泥见证取样；（10分）	1. 试验任务单； 2. 试验记录表			10%		
	负压筛标定；（15分）				15%		
	水泥负压筛析法细度试验；（30分）				30%		
	检测结果分析。（15分）				15%		

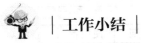

工作小结

水泥负压筛析法细度试验工作小结

（1）我们完成这项学习任务后学到哪些知识、技能和素质？

_____

_____

_____

_____

_____

_____

_____

_____

_____

（2）我们还有些地方做得不够好，我们要怎样继续努力改进？

_____

_____

_____

_____

_____

_____

_____

_____

_____

项目三　水泥标准稠度用水量试验

　　水泥标准稠度用水量是水泥三大指标（标准稠度用水量、体积安定性、水泥凝结时间）之一。本试验是用来测定水泥标准稠度用水量的重要试验手段。水泥的标准稠度净浆为测定水泥体积安定性和水泥凝结时间提供了重要依据。

　　白银市某商品混凝土拌和站新进场一批散装 P·C32.5 水泥，质量大约是 200 t，该批水泥拟用来拌和 C30 混凝土。商品混凝土拌和站委托我校实验室对该批水泥进行检测。该批水泥试样经过实验员采用负压筛析法检测水泥的细度合格后，现在需要进行标准稠度用水量试验，得到该批 P·C32.5 水泥的标准稠度用水量，以便配制出标准稠度的净浆，来检测水泥的体积安定性和凝结时间。试验完成后，实验员需要对试验结果进行计算和评定，最后填写试验记录表，并交付实验室主任审核。

　　试验任务单见表 1-3-1。

 ｜接受任务｜

表 1-3-1　试验任务单

工作地点	胶材实验室	工　时	30 h	任务接受部门		胶材实验室
下发部门		下发时间		完成时间		
工作内容						备注
（1）拌制水泥净浆，同时调节维卡仪的零点。 （2）制作水泥标准稠度用水量的试件。 （3）进行水泥标准稠度用水量试验。 （3）进行水泥标准稠度用水量试验结果计算与评定。 （4）填写水泥标准稠度用水量试验的试验记录表。						
序号	水泥标准稠度用水量试验的技术参数					单位
1	m：试样总质量					g
2	m_s：用水量					g

｜任务实施｜

　　一切准备就绪，我们按照计划开始工作吧！

知识链接　认识水泥标准稠度用水量试验

一、水泥标准稠度用水量试验的目的

　　测定水泥标准稠度用水量，用于水泥凝结时间和体积安定性试验。

二、术语和定义

（1）水泥净浆：水泥加水拌和而成的均匀浆体。

（2）为使水泥凝结时间和体积安定性的测定结果具有可比性，必须采用同一稠度的水泥净浆，该稠度称为标准稠度。

（3）水泥的标准稠度用水量：按《公路工程水泥及水泥混凝土试验规程》（JTG 3420—2020）中的规定，水泥净浆稠度采用维卡仪测定，以试杆沉入净浆并距底板 6 mm ±1 mm 的稠度为"标准稠度"，此时的用水量为标准稠度用水量。

三、主要仪器介绍

（1）水泥净浆搅拌机：如图 1-3-1 所示，符合《水泥净浆搅拌机》（JC/T 729—2005）的要求。

（2）标准法维卡仪：如图 1-3-2 所示，标准稠度测定用试杆有效长度为 50 mm ±1 mm，由直径为 10 mm ±0.05 mm 的圆柱形耐腐蚀金属制成，滑动部分的总质量为 300 g ±1 g。与试杆、试针连接的滑动杆表面应光滑，能靠重力自由下落，不得有紧涩和晃动现象。

图 1-3-1 水泥净浆搅拌机　　　图 1-3-2 标准法维卡仪

（3）量筒：最小刻度 0.1 mL，精度 1%。

（4）天平：量程 1 000 g，感量 1 g。

步骤一 试验前的准备工作

（1）维卡仪的金属棒能够自由滑动。

（2）调整至试杆接触玻璃板时指针对准零点。

（3）水泥净浆搅拌机运行正常。

步骤二 水泥净浆的拌制

用湿布对搅拌锅和搅拌叶片进行擦拭，将拌和水倒入搅拌锅中，然后在 5～10 s 内小心地将称好的 500 g 水泥加入水中，防止水和水泥溅出；先将搅拌锅放在搅拌机的锅座上，升至搅拌位置，启动搅拌机，低速搅拌 120 s，停 15 s，同时将叶片和锅壁上的水泥浆刮入锅中间，接着高速搅拌 120 s 后停机。

步骤三　水泥标准稠度用水量试验

（1）将拌制好的水泥净浆装入已置于玻璃底板上的试模中，用小刀插捣，刮去多余的净浆，如图1-3-3所示。

（2）抹平后迅速将试模和底板放置到维卡仪上，试模中心与试杆保持垂直，降低试杆直至与水泥净浆表面接触，如图1-3-4所示。然后固定维卡仪螺丝1~2 s后突然放松，使试杆垂直自由地沉入水泥净浆中。在试杆停止沉入或释放试杆30 s时记录试杆距底板的距离，并在升起试杆后，立即擦净，如图1-3-1所示。

（3）整个操作应在搅拌后1.5 min内完成。以试杆沉入净浆并距离底板6 mm±1 mm的水泥净浆为标准稠度净浆。其拌和水量为该水泥的标准稠度用水量（P）占水泥试样质量的百分比。

（4）当试杆距离玻璃底板小于5 mm时，应适当减水，并重复水泥浆的拌制和上述过程；若距离大于7 mm，则应适当加水，并重复水泥浆的拌制和上述过程。

（5）试验操作结束后，填写水泥标准稠度用水量试验记录表，见表1-3-2。

图1-3-3　将水泥净浆放入试模

图1-3-4　放置试模

1-3-5　试验数据测定

表1-3-2　水泥标准稠度用水量试验记录表

水泥试样质量（g）：			
试杆距底板距离（mm）	拌和用水量（mL）	标准稠度用水量（%）	备注

知识链接　量筒的使用要点

1. 量筒的规格

量筒是用来量取液体体积的一种玻璃仪器，一般规格以所能度量的最大容量（mL）表示，常用的有10 mL，20 mL，25 mL，50 mL，100 mL，250 mL、500 mL，1000 mL等多种规格。

2. 量筒的选择

量筒外壁刻度都是以mL为单位。10 mL量筒每小格表示0.1 mL，而50 mL量筒有每小格表示1 mL或0.5 mL两种规格。可见，绝大多数的量筒每小格是量筒容量的1/100，少数为1/50。

量筒越大，管径越粗，其精确度越小，由视线的偏差所造成的读数误差也就越大。所以，试验中应根据所取溶液的体积，尽量选用能一次量取的最小规格的量筒。而分次量取会引起较大误差。如量取70 mL液体，应选用100 mL量筒一次量取，而不能用10 mL量筒量取7次。

3. 液体的注入方法

向量筒里注入液体时，应用左手拿住量筒，并使量筒略倾斜，右手拿试剂瓶，标签对准手心。且使瓶口紧挨着量筒口，让液体缓缓流入，待注入的量比所需要的量稍少（约差1 mL）时，应把量筒水平正放在桌面上，并改用胶头滴管逐滴加入液体到所需要的量。

4. 量筒的刻度

量筒没有"0"刻度，"0"刻度即为其底部。一般量筒的起始刻度为其总容积的1/10或1/20。例如10 mL量筒一般从0.5 mL处才开始有刻度线，所以我们使用任何规格的量筒都不能量取小于其标称体积数的1/20以下体积的液体，否则误差太大，而应该改用更小的合适量筒量取。

在实验室做化学试验时，量筒的刻度面不能背对着自己，否则使用起来很不方便。因为视线要透过液体和两层玻璃，不容易看清。若液体是浑浊的，就更看不清刻度，而且看刻度数字也不顺眼，所以刻度面正对着自己为好。

5. 读取液体体积的方法

注入液体后，要等一会儿，使附着在量筒内壁上的液体流下来，再读取刻度值。否则，读出的数值将偏小。

读数时，应把量筒放在平整的桌面上。观察刻度时，应使视线、刻度线与量筒内液体的凹液面最低处三者保持水平，再读出所取液体的体积数。否则，读数会偏大或偏小。

6. 量筒读数时俯视与仰视的问题

在查看量筒内液体的体积时是看液面的中心点，仰视时，视线斜向上，视线与筒壁的交点在液面下，所以读到的数据比实际值偏小；俯视时，视线斜向下，视线与筒壁的交点在液面上，所以读到的数据比实际值偏大，如图1-3-6所示。

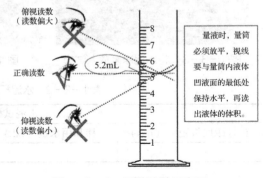

图1-3-6 量筒读数示意图

💡 **注意事项**

（1）量筒壁上的刻度是室内温度在20 ℃时的体积数。温度升高，量筒发生热膨胀，容积会增大。由此可知，量筒是不能加热的，也不能用于量取过热的液体，更不能在量筒中进行化学反应或配制溶液。

（2）量筒一般只能在要求不是很严格时使用，通常可以应用于定性分析和粗略的定量分析试验，精确的定量分析是不能使用量筒进行的，因为量筒的误差较大，此时可用移液管或滴定管来代替量筒。

（3）从量筒中倒出液体后，是否要用水冲洗要看具体情况而定。如果是为了使所取的液体量更准确，似乎要用水洗涤并把洗涤液倒入所盛液体的容器中，这是不必要的。因为在制造量筒时已经考虑到有残留液体这一点；相反，如果洗涤反而使所取体积偏大。如果是用同一量筒再量别的液体，就必须用水冲洗干净并干燥，以防止相互污染。

步骤四　水泥标准稠度用水量试验结果计算

水泥的标准稠度用水量按式（1-3-1）计算：

$$P = \frac{m}{500} \times 100\% \qquad\qquad (1-3-1)$$

式中　P——该水泥样品的标准稠度用水量,% ;

　　　m——该水泥样品净浆达到标准稠度时所加水的质量,g。

知识链接

水泥标准稠度用水量试验记录表填写案例，见表1-3-3。

表1-3-3　水泥标准稠度用水量试验记录表填写案例

水泥试样质量（g）：			
试杆距底板距离（mm）	拌和用水量（mL）	标准稠度用水量（%）	备注
6.5	142.0	28.4	—

步骤五　水泥标准稠度用水量试验验收

1. 现场整理

工作完成后，要按照5S的要求对现场进行整理，整理要求见表1-3-4。

表1-3-4　现场整理情况

名称	整理	整顿	清扫	清洁	安全
设备					
工具					
工作场地					

注解：完成的项目打√，没有完成的项目打×。

2. 技术文件整理

技术文件整理按表1-3-5的要求进行。

表1-3-5　技术文件整理情况

名　称	资料所包括内容
水泥标准稠度用水量试验任务单	
水泥标准稠度用水量试验记录表	

3. 实习设备使用登记

实习设备使用登记见表 1 - 3 - 6。

表 1 - 3 - 6　实习设备使用记录表

设备使用记录表					
试验部门			试验日期		
试验名称	水泥标准稠度用水量试验				
试验仪器使用情况					
序号	名称	使用之前检查情况	使用之后复查情况	使用日期	使用者	备注
1						
2						
3						
4						
5						

| 考核评价 |

水泥标准稠度用水量试验过程考核评价见表 1 - 3 - 7。

表 1 - 3 - 7　水泥标准稠度用水量试验过程考核评价表

学习任务一	水泥的试验		项目三	水泥标准稠度用水量试验			
班级：	姓名：		学号：	指导教师：			
评价项目	评价标准	评价依据	评价方式		权重	得分	总分
			小组评价（30%）	教师评价（70%）			
职业素质	具有团队协作精神；（6分）	1. 教学日志； 2. 课堂记录； 3. 工作现场； 4. 6S 管理标准			6%		
	具有良好的心理素质和克服困难的能力；（6分）				6%		
	具有诚信、敬业、吃苦、耐劳的精神；（6分）				6%		
	具有科学、严谨、创新的工作态度；（6分）				6%		
	具备较强的安全生产意识、质量意识、标准规范意识、环保意识。（6分）				6%		

（续）

评价 项目	评价标准	评价依据	评价方式		权 重	得 分	总 分
			小组 评价 （30%）	教师 评价 （70%）			
职业 技能	水泥见证取样；（10分）	1. 试验任务单； 2. 试验记录表			10%		
	水泥标准稠度用水量的测定； （15分）				15%		
	水泥标准稠度用水量试验； （30分）				30%		
	检测结果分析。（15分）				15%		

 | 工作小结 |

水泥标准稠度用水量试验工作小结

（1）我们完成这项学习任务后学到哪些知识、技能和素质？

_____

_____

_____

_____

_____

_____

_____

_____

（2）我们还有些地方做得不够好，我们要怎样继续努力改进？

_____

_____

_____

_____

_____

_____

_____

_____

项目四　水泥凝结时间试验

　　水泥凝结时间试验是水泥物理性能（标准稠度用水量、体积安定性、水泥凝结时间）试验的项目之一，是用来测定水泥初凝时间和终凝时间的重要试验手段。水泥的凝结时间对水泥混凝土的施工有着重要意义。

　　白银市某居民小区工地，距混凝土拌和站35 km，单程需45 min，6辆运输车，由于工地与站间距未调整好，混凝土拌和站连续运送混凝土4车，前3车运送已用时一个半小时，在第4车到达工地后肯定超过一个半小时。当第4车运到工地时，混凝土流动坍落度为17.15 cm，两个半小时过去后，混凝土流动坍落度减到5 cm，已接近初凝时间，坍落度偏小，泵车输送很困难。虽然罐车输送的混凝土可用调凝剂将坍落度调整到12 cm，但已输入管内的混凝土无法调凝稀缓。由于水泥初凝时间是2小时15分，外加调凝剂未加入时管内混凝土就已经初凝。浇筑管线100多米，混凝土初凝后只能全部拆管，并需要清除凝结的混凝土后再清洗管线，并重新安装，这样一来就要耽误2个多小时。发生该事故的原因固然有车辆调度不当，但是其主要原因是拌和站运送混凝土所用时间超过水泥初凝时间。

　　白银市某商品混凝土拌和站新进场一批散装P·C32.5水泥，质量大约是200 t，该批水泥拟用来拌和C30混凝土。现在该批水泥委托我校胶材实验室进行水泥试验。我们已经完成了细度试验、标准稠度用水量试验，现在需要对该批水泥试样进行凝结时间试验，从而确定该批水泥的初凝时间和终凝时间，以指导混凝土的运输和施工。试验完成后，实验员需要对试验结果进行计算和评定，最后填写实验记录表交付试验室主任审核。

 接受任务

　　试验任务单见表1-4-1。

表1-4-1　试验任务单

工作地点	胶材实验室	工　时	30 h	任务接受部门	胶材实验室
下发部门		下发时间		完成时间	
工作内容					备注
（1）制备水泥凝结时间试验的试样。 （2）测定水泥初凝时间。 （3）测定水泥终凝时间。 （3）进行水泥凝结时间试验结果计算与评定。 （4）填写水泥凝结时间试验的试验记录表。					
序号	水泥凝结时间试验的技术参数				单位
1	t：水泥的加水时刻				
2	t_1：水泥达到初凝状态的时刻				
3	t_2：水泥达到终凝状态的时刻				

任务实施

知识链接　认识水泥凝结时间试验

一、水泥凝结时间试验的目的

测定水泥的初、终凝时间，作为评定水泥质量的依据之一。

二、术语和定义

凝结时间：水泥从加水开始到水泥浆体失去可塑性且开始具有机械强度成为比较致密的固体状态时所需要的时间，称为水泥的凝结时间。

初凝时间：水泥从加水开始到水泥浆体开始失去流动性所需的时间。一般地，初凝时间为 1～3 h。

终凝时间：水泥从加水开始到发展为比较致密的固体状态时所需的时间。一般地，终凝时间为 4～6 h。

国家标准对凝结时间的规定：六大品种水泥的初凝时间均不得小于 45 min；硅酸盐水泥的终凝时间不得大于 390 min，其他五个品种水泥的终凝时间不得大于 600 min。

三、主要仪器介绍

（1）水泥净浆搅拌机。

（2）维卡仪：附有测定初凝时间和终凝时间的试针，另有装水泥净浆的试模。

（3）量筒：最小刻度 0.1 mL，精度 1%。

（4）天平：量程？感量为 1 g。

（5）湿气养护箱：应能使温度控制在 20 ℃±3 ℃，湿度大于 90%。

（6）初、终凝试针：初凝用试针由钢制成，初凝针有效长度为 50 mm±1 mm，终凝针有效长度为 30 mm±1 mm，直径为 1.13mm±0.05mm，如图 1-4-1 和图 1-4-2 所示。

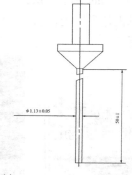

图 1-4-1　水泥初凝试针

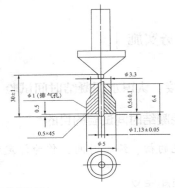

图1－4－2　水泥终凝试针

步骤一　试验前的准备工作

将圆模放在玻璃板上，在模内稍涂一层机油，调整维卡仪初凝试针，使之接触玻璃板时，试针对准标尺零点。

步骤二　水泥凝结时间试验

（1）以标准稠度用水量为准，按测定标准稠度用水量的方法制成标准稠度净浆。将标准稠度净浆一次装满试模，振动数次后刮平，再立即放入湿气养护箱中，记录水泥全部加入水中的时间作为凝结时间的起始时间，如图1－4－3所示。

（2）初凝时间的测定。试件在湿气养护箱中养护至加水后30 min时进行第一次测定。测定时，从湿气养护箱中取出试模放到试针下，降低试针与水泥净浆表面接触，拧紧螺丝1～2 s后，突然放松，试针垂直自由地沉入水泥净浆，观察试针停止下沉或释放试针30 s时指针的读数，当试针沉至距底板4 mm ± 1 mm时，水泥达到初凝状态，如图1－4－4所示。由水泥全部加入水中至达到初凝状态的时间为水泥的初凝时间，用min表示。

（3）终凝时间的测定。为了准确观测试针沉入的状况，在终凝针上安装了一个环形附件，如图1－4－5所示。在完成初凝时间测定后，立即将试模连同浆体以平移的方式从玻璃板取下，并翻转180°，直径大端向上、小端向下放在玻璃板上，再放入湿气养护箱中继续养护。临近终凝时间时，每隔15 min测定一次，当试针沉入试体0.5 mm时，即环形附件开始不能在试体上留下痕迹时，水泥达到终凝状态。由水泥全部加入水中至达到终凝状态的时间为水泥的终凝时间，用min表示。

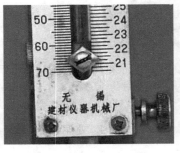

图1－4－3　起始凝结时间　　　图1－4－4　初凝时间测定　　　1－4－5　带环形附件冷凝针

步骤三　水泥凝结时间试验结果计算

（1）水泥的初凝时间为水泥达到初凝状态的时间减去水泥加水的时间，用 min 表示。

（2）水泥的终凝时间为水泥达到终凝状态的时间减去水泥加水的时间，用 min 表示。

（3）试验操作结束后，填写水泥凝结时间试验记录表，见表 1-4-2。

表 1-4-2　水泥凝结时间试验记录表

水泥质量（g）			加水质量（g）		
起始时间	达到初凝状态时间	初凝时间（min）	达到终凝状态时间	终凝时间（min）	备注

 知识链接

水泥凝结时间记录表填写案例，见表 1-4-3。

表 1-4-3　水泥凝结时间试验记录表填写案例

水泥质量（g）			加水质量（g）		
起始时间	达到初凝状态时间	初凝时间（min）	达到终凝状态时间	终凝时间（min）	备注
9:45	13:10	205	14:45	300	—

💡 │ 注意事项 │

水泥凝结时间试验注意事项：

（1）测定时，应注意在最初测定的操作时要轻扶金属柱，使其徐徐下降，以防试针撞弯，但结果以自由下落为准；

（2）在整个测试过程中，试针沉入的位置至少要距试模内壁 10 mm；

（3）临近初凝时，每隔 5 min 测定一次，临近终凝时每隔 15 min 测定一次；

（4）达到初凝或终凝时应立即重复测一次，当两次结论相同时，才能定为达到初凝或终凝状态；

（5）每次测定不能让试针落入原针孔，每次测试完毕须将试针擦净并将试模放回湿气养护箱内，整个测试过程要防止试模受振。

步骤四　水泥凝结时间试验验收

1. 现场整理

工作完成后，要按照 6S 的要求对现场进行整理，整理要求见表 1-4-4。

表 1 - 4 - 4　现场整理情况

名称	整理	整顿	清扫	清洁	安全
设备					
工具					
工作场地					

　　注解： 完成的项目打 √，没有完成的项目打 ×。

2. 技术文件整理

技术文件整理按表 1 - 4 - 5 的要求进行。

表 1 - 4 - 5　技术文件整理情况

名　称	资料所包括内容
水泥凝结时间试验任务单	
水泥凝结时间试验记录表	

3. 实习设备使用登记

实习设备使用登记情况见表 1 - 4 - 6。

表 1 - 4 - 6　实习设备使用记录表

设备使用记录表					
试验部门			试验日期		
试验名称	水泥凝结时间试验				
试验仪器使用情况					
序号	名　称	使用之前检查情况	使用之后复查情况	使用日期	使用者	备注
1						
2						
3						
4						
5						
6						

考核评价

水泥凝结时间试验过程考核评价见表 1 –4 –7。

表 1 –4 –7　水泥凝结时间试验过程考核评价表

学习任务一	水泥的试验		项目四	水泥凝结时间试验			
班级：	姓名：		学号：		指导教师：		
评价项目	评价标准	评价依据	评价方式		权重	得分	总分
			小组评价（30%）	教师评价（70%）			
职业素质	具有团队协作精神；（6分）	1. 教学日志； 2. 课堂记录； 3. 工作现场； 4. 6S 管理标准			6%		
	具有良好的心理素质和克服困难的能力；（6分）				6%		
	具有诚信、敬业、吃苦、耐劳的精神；（6分）				6%		
	具有科学、严谨、创新的工作态度；（6分）				6%		
	具备较强的安全生产意识、质量意识、标准规范意识、环保意识。（6分）				6%		
职业技能	试件的制作和标准养护；（10分）	1. 试验任务书； 2. 试验记录表			10%		
	水泥初凝时间的测定；（15分）				15%		
	水泥终凝时间的测定；（30分）				30%		
	检测结果分析。（15分）				15%		

工作小结

水泥凝结时间试验工作小结

（1）我们完成这项学习任务后学到哪些知识、技能和素质？

_____

_____

_____

_____

_____

（2）我们还有些地方做得不够好，我们要怎样继续努力改进？

_____

_____

_____

_____

_____

_____

_____

项目五　水泥安定性试验

　　某商品楼工程因工程紧迫，且水泥供应比较紧张，于 11 月 1 日水泥刚到工地，就马上配制混凝土使用。11 月 3 日，建筑工程质检站抽检该批水泥，结论为水泥安定性不合格。11 月 4 日，水泥厂接到通知后到现场取样，回厂后经检验，水泥安定性合格。11 月 9 日，水泥厂代表，施工单位及工程监理三方共同取样送质量监督检测站检测仲裁，结论为水泥安定性合格。据悉雷氏夹指针尖端间的距离为 4.5 mm，所浇筑的水泥混凝土虽未见膨胀性裂缝，但认为仍有不安定因素，需要拆除重建。

　　水泥安定性是表征水泥硬化后体积变化均匀性的物理性能指标。各种水泥与水拌和制成的浆体在凝结硬化过程中，一般都会发生体积变化。如果这种体积变化是在混凝土硬化后，则在建筑物内部产生破坏应力，导致建筑物的强度降低。如果破坏应力发展超过建筑物的强度，则会引起建筑物开裂、崩塌等严重质量事故。

　　白银市某商品混凝土拌和站新进场一批散装 P·C32.5 水泥，质量大约是 200 t。该批水泥拟用来拌和 C30 混凝土。现在该批水泥委托我校胶材实验室进行水泥试验。前面已经完成了细度试验、标准稠度用水量试验、水泥凝结时间试验，现在需要对该批水泥试样进行水泥安定性试验。试验完成后，实验员需要对试验结果进行计算和评定，最后填写试验记录表，并交付实验室主任审核。

接受任务

试验任务单见表 1 - 5 - 1。

表 1 - 5 - 1　试验任务单

工作地点	胶材实验室	工　时	30 h	任务接受部门	胶材实验室
下发部门		下发时间		完成时间	

工作内容	备注
（1）制作水泥安定性试验试件。 （2）沸煮水泥安定性试验试件。 （3）检测水泥安定性。 （3）进行水泥安定性试验结果计算与评定。 （4）填写水泥安定性试验的试验记录表。	

序号	水泥安定性试验的技术参数	单位
1	A：雷氏夹指针尖端间的距离	0. 5 mm
2	C：沸煮后雷氏夹指针尖端间的距离	0. 5 mm

　　任务实施

知识链接　认识水泥安定性试验

一、水泥安定性试验的目的

测定水泥安定性，作为水泥质量合格的依据之一。

二、方法原理

雷氏夹法是通过测定水泥标准稠度净浆在雷氏夹中沸煮后试针的相对位移表征其体积膨胀的程度。

三、术语和定义

安定性：水泥浆在凝结、硬化后因体积膨胀不均匀而变形的性质。

国家标准对安定性的规定：沸煮法检验时，必须合格；雷氏夹法检验时，2 个雷氏夹指针膨胀值的平均值≤5. 0 mm，且二个雷氏夹指针膨胀值的差值≤4. 0 mm，即为安定性合格；若 2 个雷氏夹指针膨胀值的平均值>5. 0 mm，即为安定性不合格；若 2 个雷氏夹指针膨胀值的差值>4. 0 mm，则安定性不合格。

三、主要仪器介绍

（1）水泥净浆搅拌机。

（2）湿气养护箱：应能使温度控制在 20 ℃ ±3 ℃，湿度大于 90%。

（3）沸煮箱：有效容积约为 410 mm ×240 mm ×310 mm，算板结构应不影响试验结果，算板与加热器之间的距离大于 50 mm。箱的内层由不易锈蚀的金属材料制成，能在 30 min ±5 min 内将箱内试验用水由室温升至沸腾温度并保持 3 h 以上，整个试验过程中不需要补充水量，如图 1-5-1 所示。

（4）雷氏夹：由铜质材料制成，当一根指针的根部先悬挂在一根金属丝或尼龙丝上，另一根指针的根部再挂上质量 300 g 的砝码时，两根指针针尖间的距离增加应在 17.5 mm ±2.5 mm 范围内，去掉砝码后针尖间的距离能恢复至挂砝码前的状态，如图 1-5-2 至图 1-5-4 所示。

（5）天平：最大称量质量不小于 1 000 g，分度值不大于 1 g。

（6）量筒：最小刻度为 0.1 mL，精度为 1%。

图 1-5-1　沸煮箱　　　　　　1-5-2　雷氏夹膨胀值测定仪

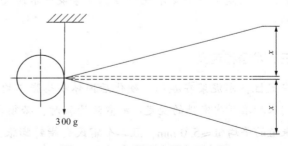

图 1-5-3　雷氏夹　　　　　　图 1-5-4　雷氏夹受力示意图

步骤一　试验前的准备工作

每个试样需要成型两个试件，每个雷氏夹需配备两个边长或直径约为 80 mm、厚度为 4 ~ 5 mm 的玻璃板，凡与水泥净浆接触的玻璃板和雷氏夹内表面都要稍稍涂上一层机油。

步骤二　雷氏夹试件的成型

将预先准备好的雷氏夹放在已稍擦油的玻璃板上，并立即将已制好的标准稠度净浆一次装满雷氏夹，装浆时一只手轻扶雷氏夹，另一只手用宽约 25 mm 的小刀的直边在浆体表面轻轻插捣 3 次，然后抹平，再盖上稍涂油的玻璃板，接着立即将试件移至湿气养护箱内养护 24 h ± 2 h。

步骤三　沸煮箱煮沸操作

（1）调整好沸煮箱内的水位，以保证在整个沸煮过程中水位都超过试件，不需中途增补试验用水，同时又能保证其在 30 min ± 5 min 内升至沸腾，如图 1 - 5 - 5 所示。

（2）脱去玻璃板取下试件，测量雷氏夹指针尖端间的距离，并精确到 0.5 mm，如图 1 - 5 - 6 所示。接着将试件放入沸煮箱水中的试件架上，且指针朝上，然后在 30 min ± 5 min 内加热至沸腾，并恒沸 3 h ± 5 min。

（3）沸煮结束后，立即放掉沸煮箱中的热水并打开箱盖，待箱体冷却至室温，取出试件进行判定，如图 1 - 5 - 7 所示。

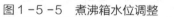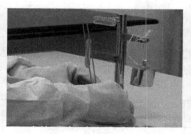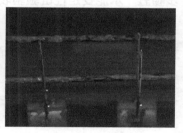

图 1 - 5 - 5　煮沸箱水位调整　　1 - 5 - 6　雷氏夹指针距离测量　　图 1 - 5 - 7　试件冷却

（4）试验操作结束后，填写水泥安定性试验记录表，见表 1 - 5 - 2。

表 1 - 5 - 2　水泥安定性试验记录表

水泥质量（g）			加水质量（g）		
雷氏夹号	沸煮前针尖间距 A（mm）	沸煮后针尖间距 C（mm）	$C - A$ 测值（mm）	$C - A$ 平均值（mm）	备注

步骤四　水泥安全性试验结果计算与评定

测量雷氏夹指针尖端的距离（C），并准确至小数点后 1 位，当两个试件沸煮后增加距离（$C-A$）的平均值不大于 5.0 mm 时，即认为该水泥安定性合格，否则为不合格。

当两个试件的（$C-A$）值相差超过 4 mm 时，应用同一样品立即重做一次试验。再如此，则认为该水泥安定性不合格。

知识链接

（1）水泥安定性试验记录表填写案例，见表 1-5-3。

（2）水泥安定性试验注意事项。水泥的安定性试验有两种方法，即雷氏夹法和试饼法。雷氏夹法是标准法，当雷氏夹法和试饼法的结果发生冲突时，以雷氏夹法为准。

表 1-5-3　水泥体积安定性试验记录表填写案例

水泥质量（g）			加水质量（g）		
雷氏夹号	沸煮前针尖间距 A（mm）	沸煮后针尖间距 C（mm）	$C-A$ 测值（mm）	$C-A$ 平均值（mm）	备注
09	11.0	12.0	1.0	1.5	
05	11.0	13.0	2.0		

步骤五　水泥安定性试验验收

1. 现场整理

工作完成后，要按照 6S 的要求对现场进行整理，整理要求见表 1-5-4。

表 1-5-4　现场整理情况

名称	整理	整顿	清扫	清洁	安全
设备					
工具					
工作场地					

注解： 完成的项目打√，没有完成的项目打×。

2. 技术文件整理

技术文件整理按表 1-5-5 的要求进行。

表 1-5-5　技术文件整理情况

名　称	资料所包括内容
水泥安定性试验任务单	
水泥安定性试验记录表	

3. 实习设备使用登记

实习设备使用登记情况见表 1 - 5 - 6。

表 1 - 5 - 6　实习设备使用记录表

设备使用记录表					
试验部门			试验日期		
试验名称	水泥安定性试验				
试验仪器使用情况					
序号	名　称	使用之前检查情况	使用之后复查情况	使用日期	使用者	备注
1						
2						
3						
4						
5						
6						

考核评价

水泥安定性试验过程考核评价见表 1 - 5 - 7。

表 1 - 5 - 7　水泥安定性试验过程考核评价表

学习任务一	水泥的试验	项目五	水泥安定性试验

班级：　　　　姓名：　　　　学号：　　　　指导教师：

评价项目	评价标准	评价依据	评价方式		权重	得分	总分
			小组评价（30%）	教师评价（70%）			
职业素质	具有团队协作精神；（6分）	1. 教学日志； 2. 课堂记录； 3. 工作现场； 4. 6S 管理标准			6%		
	具有良好的心理素质和克服困难的能力；（6分）				6%		
	具有诚信、敬业、吃苦、耐劳的精神；（6分）				6%		
	具有科学、严谨、创新的工作态度；（6分）				6%		
	具备较强的安全生产意识、质量意识、标准规范意识、环保意识。（6分）				6%		

（续）

评价项目	评价标准	评价依据	评价方式		权重	得分	总分
			小组评价（30%）	教师评价（70%）			
职业技能	制作水泥试饼；（10分）	1. 样品取样单； 2. 试验任务单； 3. 试验记录表			10%		
	制作雷氏夹试件；（15分）				15%		
	沸煮法检测水泥安定性试验；（30分）				30%		
	检测结果分析。（15分）				15%		

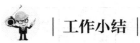

工作小结

水泥安定性试验工作小结

（1）我们完成这项学习任务后学到哪些知识、技能和素质？

_____

_____

_____

_____

_____

_____

_____

_____

（2）我们还有些地方做得不够好，我们要怎样继续努力改进？

_____

_____

_____

_____

_____

_____

_____

_____

项目六　水泥胶砂强度试验

水泥胶砂强度试验是检测水泥强度的试验方法。强度是确定水泥强度等级的主要依据，也是反映水泥胶结能力的重要指标，水泥的强度越高，承受荷载的能力越强，胶结能力也越大。水泥胶砂强度试验的结果为水泥混凝土配合比的计算提供重要参数，是指导水泥混凝土施工的重要依据。

白银市某商品混凝土拌和站新进场一批散装 P·C32.5 水泥，质量大约是 200 t，该批水泥拟用来拌和 C30 混凝土。现在该批水泥委托我校胶材实验室进行水泥试验。前面已经完成了细度试验、标准稠度用水量试验、水泥凝结时间试验、水泥安定性试验，现在需要对该批水泥试样进行水泥胶砂强度试验。试验完成后，实验员需要对试验结果进行计算和评定，最后填写试验记录表，并交付实验室主任审核。

｜接受任务｜

试验任务单见表 1－6－1。

表 1－6－1　试验任务单

工作地点	胶材实验室	工时	30 h	任务接受部门	胶材实验室
下发部门		下发时间		完成时间	

工作内容	备注
（1）制作水泥胶砂试件。 （2）拆模，将试件编入两个龄期中进行标准养护。 （3）进行水泥胶砂试件的抗折强度试验。 （4）进行水泥胶砂试件的抗压强度试验。 （3）进行水泥胶砂强度试验结果计算与评定。 （4）填写水泥胶砂强度试验的试验记录表。	

序号	水泥胶砂强度试验的技术参数	单位
1	R_f：抗折强度	MPa
2	F_f：抗折破坏荷载	N
3	L：支承圆柱中心距	mm
4	b：试件断面正方形的边长	mm
5	R_c：抗压强度	MPa
6	F_c：抗压破坏荷载	N
7	A：受压部分面积	mm^2

任务实施

知识链接 认识水泥胶砂强度试验

一、水泥胶砂强度试验的适用范围

水泥胶砂强度试验（ISO法）规定水泥胶砂强度检验基准方法的仪器、材料、胶砂组成、试验条件、操作步骤和结果计算等。其抗压强度测定结果与 ISO 679：1989 结果等同。同时也列入可代用的标准砂和振实台，当代用后结果有异议时，以基准方法为准。

水泥胶砂强度试验适用于硅酸盐水泥、普通硅酸盐水泥、矿渣硅酸盐水泥、粉煤灰硅酸盐水泥、复合硅酸盐水泥、道路硅酸盐水泥以及石灰石硅酸盐水泥的抗折与抗压强度检验。采用其他水泥时，必须研究本方法规定的适用性。

二、硅酸盐水泥熟料的矿物组成

硅酸盐水泥的生产原料主要是石灰质原料和黏土质原料两类。这两类原料主要提供了 CaO、SiO_2、Al_2O_3、Fe_2O_3。经过高温煅烧后，CaO、SiO_2、Al_2O_3、Fe_2O_3 四种成分化合为熟料中的主要矿物组成：

（1）硅酸三钙，$3CaO \cdot SiO_2$，简式为 C3S；

（2）硅酸二钙，$2CaO \cdot SiO_2$，简式为 C2S；

（3）铝酸三钙，$3CaO \cdot Al_2O_3$，简式为 C3A；

（4）铁铝酸四钙，$4CaO \cdot Al_2O_3 \cdot Fe_2O_3$，简式为 C4AF。

三、硅酸盐水泥的凝结和硬化

1. 硅酸盐水泥的水化

水泥熟料经过高温煅烧后形成的矿相处于高能态，结构不稳定，在水分子的作用下，容易发生一系列复杂的物理化学反应，即水化反应，简称水化。

在充分水化的水泥浆体中，主要水化产物水化硅酸钙（C－S－H）凝胶约占70%，氢氧化钙（CH）结晶约占20%，钙矾石（AFt）和单硫盐（AFm）约占7%，其余是未水化的水泥和次要组分。

2. 硅酸盐水泥的凝结和硬化

水泥加水拌和后成为水泥浆，经过一定时间，浆体逐渐失去塑性，进而硬化，产生强度，这个物理化学过程可分为四个阶段。

（1）初始反应期：1% 左右的水泥产生水化，$Ca(OH)_2$ 结晶析出，水泥浆表现为流动性和可塑性。

（2）诱导期：水泥浆体逐渐失去流动性，而且具有可塑性。

（3）凝结期：水泥微粒进一步水化，生成大量 C－S－H 凝胶、$Ca(OH)_2$ 及钙矾石，水泥浆体失去可塑性。

（4）硬化期：水泥继续水化，水化铝酸钙和水化铁酸钙也开始形成，水泥浆体产生一定的机械强度并逐渐升高，即为硬化。

四、术语和技术标准

（1）强度：是确定水泥强度等级的主要依据，也是反映水泥胶结能力的重要指标，强度越高，承受荷载的能力越强，胶结能力也越大。

（2）《水泥胶砂强度检验方法（ISO 法）》（GB/T 17671—1999）规定，用水泥胶砂来评定水泥的强度。此方法是以 1:3 的水泥和中国 ISO 标准砂，按规定的水灰比 0.5，用标准制作方法制成 40 mm×40 mm×160 mm 的标准试件，在标准养护条件下，达到规定龄期（3 d，28 d）时，测定其抗折强度和抗压强度，根据 28 d 抗压强度确定水泥强度等级。

（3）强度等级。硅酸盐水泥的强度等级分为 42.5、42.5R、52.5、52.5R、62.5、62.5R 六个等级。

普通硅酸盐水泥的强度等级分为 42.5、42.5R、52.5、52.5R 四个等级。

矿渣硅酸盐水泥、火山灰硅酸盐水泥、粉煤灰硅酸盐水泥、复合硅酸盐水泥的强度等级分为 32.5、32.5R、42.5、42.5R、52.5、52.5R 六个等级。

不同品种强度等级的通用硅酸盐水泥，其不同龄期的强度应符合表（1-6-2）的规定。

表 1-6-2　水泥强度等级表

（单位：MPa）

品种	强度等级	抗压强度		抗折强度	
		3 d	28 d	3 d	28 d
硅酸盐水泥	42.5	≥17.0	≥42.5	≥3.5	≥6.5
	42.5R	≥22.0		≥4.0	
	52.5	≥23.0	≥52.5	≥4.0	≥7.0
	52.5R	≥27.0		≥5.0	
	62.5	≥28.0	≥62.5	≥5.0	≥8.0
	62.5R	≥32.0		≥5.5	
普通硅酸盐水泥	42.5	≥17.0	≥42.5	≥3.5	≥6.5
	42.5R	≥22.0		≥4.0	
	52.5	≥23.0	≥52.5	≥4.0	≥7.0
	52.5R	≥27.0		≥5.0	
矿渣硅酸盐水泥、火山灰硅酸盐水泥、粉煤灰硅酸盐水泥、复合硅酸盐水泥	32.5	≥10.0	≥32.5	≥2.5	≥5.5
	32.5R	≥15.0		≥3.5	
	42.5	≥15.0	≥42.5	≥3.5	≥6.5
	42.5R	≥19.0		≥4.0	
	52.5	≥21.0	≥52.5	≥4.0	≥7.5
	52.5R	≥23.0		≥4.5	

五、主要仪器介绍

（1）行星式水泥胶砂搅拌机：如图 1－6－1 所示，由搅拌锅、搅拌叶、电动机等组成，应符合《行星式水泥胶砂搅拌机》（JC/T 681—2005）的要求。搅拌叶片和搅拌锅作用相反方向的转动，叶片和锅由耐磨的金属材料制成，叶片与锅底、锅壁最近的距离 3 mm ± 1 mm，应每月检查一次。

（2）振实台：如图 1－6－2 所示，应符合《行星式水泥胶砂搅拌机》（JC/T 681—2005）的要求。振实台由装有两个对称偏心轮的电动机产生振动，使用时固定于混凝土基座上。基座高约 400 mm，混凝土体积约 0.25 m³，质量约 600 kg。为防止外部振动影响振实效果，可在整个混凝土下放一层厚约 5 mm 的天然橡胶衬垫。

（3）水泥胶砂试模：由三个水平的槽模组成，可同时成型三条截面为 40 mm × 40 mm、长为 160 mm 的棱形试体。成型操作时，应在试模上面加有一个壁高 20 mm 的金属模套，当从上往下看时，模套壁应与模型内壁重叠，超出内壁不大于 1 mm。为了控制料层厚度和刮平胶砂，应备有两个播料器和一个金属刮尺。

（4）抗折试验机：抗折夹具的加荷与支撑圆柱直径为 10 mm ± 0.1 mm，两个支撑圆柱中心距为 100 mm ± 0.2 mm。

（5）抗压试验机：抗压试验机的吨位以 200 ~ 300 kN 为宜，并具有按 2 400 N/s ± 200 N/s 速率的加荷能力，应具有一个能指示试件破坏的指示器。

（6）抗压夹具：应符合《水泥抗压模具》（JC/T 683—2005）标准的要求，受压面积为 40 mm × 40 mm。

 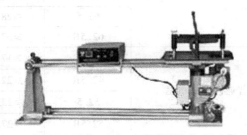

图 1－6－1　行星式水泥胶砂搅拌机　　　　图 1－6－2　振实台

步骤一　试验前的准备工作

1. 材料

（1）砂：试验采用中国 ISO 标准砂。

（2）水泥：当试验水泥从取样至试验要保持 24 h 以上时，应该把它储存在气密容器里，这个容器应不与水泥反应。

（3）水：仲裁试验或重要试验用蒸馏水，其他试验可用饮用水。

2. 温度与相对湿度

（1）试件成型的实验室应保持实验室温度为20 ℃ ±2 ℃（包括强度试验），相对湿度大于50%，水泥试样、ISO 砂、拌和水及试模等的温度与室温相同。

（2）养护箱或雾室温度为 20 ℃ ±1 ℃，相对湿度大于 90%，养护水的温度为20 ℃ ±1 ℃。

（3）试件成型实验室的空气温度和相对湿度在工作期间每天应至少记录一次，养护箱或雾室温度和相对湿度至少每4 h 记录一次。

步骤二　试件成型

（1）成型前将试模擦净，四周的模板与底座的接触面上应涂黄油，内壁上涂机油，如图 1 – 6 – 3 所示。

（2）每成型三条试件称取材料：水泥 450 g ± 2 g；ISO 砂 1 350 g ±5 g；水 225 g ±1 g。

（3）将水加入锅中，再加入水泥，把锅放在固定架上并上升至固定位置，如图 1 – 6 – 4 所示。开动机器，低速搅拌 30 s 后，在第二个 30 s 开始时加入砂子，再高速搅拌 30 s，停 90 s，再高速搅拌 60 s。

图 1 – 6 – 3　试模抹油

（4）用振实台成型时，将空试模和模套固定在振实台上，并用勺子直接从搅拌锅中将胶砂分为两层装入试模，如图 1 – 6 – 5 所示。装第一层时，每个槽里约放 300 g 砂浆，用大播料器垂直架在模套顶部沿每个模槽来回一次将料层拨平，振实 60 次，再装入第二层胶砂，用小播料器拨平，再振实 60 次。

图 1 – 6 – 4　拌制胶砂试样

图 1 – 6 – 5　固定试模模套

（5）移走模套，从振实台上取下试模，用刮尺以 90°架在试模顶的一端沿试模长度方向以横向锯割动作慢慢向另一端移走，一次将超出试模的胶砂刮去。并用直尺在近乎水平的情况下将试体表面抹平，如图 1 – 6 – 6 所示。

（6）在试模上作标记或加字条，表明试件的编号和试件相对于振实台的位置。两个龄期以上的试体，编号应将同一试模中的三条试件分在两个以上的龄期内，如图1-6-7所示。

图1-6-6　胶砂试模成型　　　　　　图1-6-7　试模编号

步骤三　试件养护

（1）编号后，将试模放入养护箱养护，养护箱内壁板必须水平，且水平放置时刮平面应朝上。对于24 h龄期的，应在破型试验前20 min内脱模。对于24 h以上龄期的，应在成型后20~24 h内脱模。脱模时要非常小心，防止试件损伤。硬化较慢的水泥允许延期脱模，但须记录脱模时间，如图1-6-8所示。

（2）试模脱模后即放入水槽中养护，如图1-6-9所示，试件之间间隙和试件上表面的水深不得小于5 mm。每个养护池中只能养护同类水泥试件，并应随时加水，保持恒定水位，不允许养护期间全部换水。

（3）除24 h龄期或延迟48 h脱模的试件外，任何到龄期的试件均应在试验（破型）前15 min从水中取出，抹去试件表面沉淀物，并用湿布覆盖，做好试件保护处理，如图1-6-10所示。

图1-6-8　试模脱模　　　　图1-6-9　脱模后养护　　　　图1-6-10　试件保护处理

步骤四　抗折强度试验

（1）采用中心加荷法测定抗折强度。

（2）进行杠杆式抗折试验机试验时，试件放入前，应使杠杆成水平状态，将试件成型侧面朝上放入抗折试验机内。试件放入后调整夹具，使杠杆在试件折断时尽可能地接近水平位置，如图 1 - 6 - 11 所示。

（3）抗折试验加荷速度为 50 N/s ± 10 N/s，直至折断，并保持两个半截棱柱体试件处于潮湿状态直至抗压试验，如图 1 - 6 - 12 所示。

 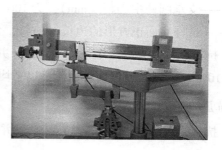

图 1 - 6 - 11　试件放入抗折试验机　　　图 1 - 6 - 12　试件抗折试验

步骤五　抗压强度试验

（1）抗折试验后的断块应立即进行抗压试验。抗压试验必须用抗压夹具进行，试件受压面为试件成型时的两个侧面（40 mm ×40 mm），试验前应清除试件受压面与加压板间的砂粒或杂物，试件的底面靠紧夹具定位销，断块试件应对准抗压夹具中心，并使夹具对准压力机压板中心，如图 1 - 6 - 13 所示。半截棱柱体中心与压力机压板中心差应在 ±0.5 mm 内，棱柱体露在压板外的部分约为 10 mm。

图 1 - 6 - 13　试件抗压试验

（2）压力机加荷速度应控制在 2400 N/s ± 200 N/s 范围内，在接近破坏时更应严格掌握。

步骤六　水泥胶砂强度试验结果计算与评定

1. 抗折强度

（1）抗折强度按式（1 - 6 - 1）计算，并精确至 0.1 MPa：

$$R_f = \frac{1.5F_f \cdot L}{b^3} \qquad\qquad (1-6-1)$$

式中　R_f——抗折强度（MPa）；

　　　F_f——抗折破坏荷载（N）；

　　　L——支承圆柱中心距（mm），为 100 mm；

　　　b——试件断面正方形的边长（mm），为 40 mm。

（2）抗折强度结果取三个试件平均值，并精确至 0.1 MPa。若三个强度值中有超过平均值的 ±10%，应剔除后再取平均值，以平均值作为抗折强度试验结果。

2. 抗压强度

（1）抗压强度按式（1-6-2）计算，并精确至 0.1 MPa：

$$R_c = \frac{F_c}{A} \qquad\qquad (1-6-2)$$

式中　R_c——抗压强度（MPa）；

　　　F_c——破坏荷载（N）；

　　　A——受压面积，为 40 mm × 40 mm = 1 600 m²。

（2）抗压强度结果为一组 6 个断块抗压强度的算术平均值，并精确至 0.1 MPa。如果 6 个强度值中有一个值超过平均值的 ±10%，应剔除后以剩下 5 个值的算术平均值作为最后结果。如果 5 个值中再有超过平均值的 ±10%，则此组试件无效。

试验操作结束后，填写水泥胶砂强度试验记录表，见表 1-6-3。

表1-6-3　水泥胶砂强度试验记录表

试体编号	试体龄期 t(d)	抗折强度						抗压强度			
		破坏荷载 F_f(kN)	破坏荷载 F_f(N)	支点间距 L(mm)	试件尺寸（mm）		抗折强度 R_f(MPa)	破坏荷载 F_c(kN)	破坏荷载 F_c(N)	受压面面积 A(mm^2)	抗压强度 R_c(MPa)
					宽度 b	高度 h					
							平均				平均
(1)	(2)	(3)	(4)	(5)	(6)	(7)	(8)	(9)	(10)	(11)	(10)/(11)
1											
2											
3											
1											
2											
3											

知识链接

水泥胶砂强度试验记录表填写案例，见表1-6-4。

表1-6-4　水泥胶砂强度试验记录表填写案例

试体编号	试体龄期 t(d)	破坏荷载 F_f(kN)	破坏荷载 F_f(N)	支点间距 L(mm)	试件尺寸(mm) 宽度 b	试件尺寸(mm) 高度 h	抗折强度 R_f(MPa)	抗折强度 平均	破坏荷载 F_c(kN)	破坏荷载 F_c(N)	受压面面积 A(mm²)	抗压强度 (10)/(11)	抗压强度 平均
(1)	(2)	(3)	(4)	(5)	(6)	(7)	(8)		(9)	(10)	(11)	(10)/(11)	平均
1	3	2.038	2 038	100	40	40	4.8	5.1	39.07	39 070	1 600	24.4	24.6
									37.71	37 710	1 600	23.6	
2	3	2.186	2 186	100	40	40	5.1		40.57	40 570	1 600	25.4	
									39.03	39 030	1 600	24.4	
3	3	2.363	2 363	100	40	40	5.5		41.75	41 750	1 600	26.1	
									37.92	37 920	1 600	23.7	
1	28	3.556	3 556	100	40	40	8.3	8.3	71.27	71 270	1 600	44.5	45.8
									73.86	73 860	1 600	46.2	
2	28	3.441	3 441	100	40	40	8.1		72.35	72 350	1 600	45.2	
									71.72	71 720	1 600	44.8	
3	28	3.667	3 667	100	40	40	8.6		74.88	74 880	1 600	46.8	
									75.31	75 310	1 600	47.1	

｜注意事项｜

水泥胶砂强度试验注意事项：

（1）试验前必须检查所用的仪器设备，确保设备功能正常；

（2）检查试验环境是否符合规范要求；

（3）成型前将试模擦净，四周的模板与底座的接触面上涂黄油（或凡士林）。紧密装配，防止漏浆；

（4）搅拌过程中，更换水泥品种时，将搅拌锅、叶片、模套擦干净；

（5）两个龄期以上的试体，在编号时应将同一试模中的三条试体分在两个以上龄期内；

（6）脱模后即放入水池中养护，试体间间隔或试体上表面的水深大于 5 mm。

步骤七　水泥胶砂强度试验验收

1. 现场整理

工作完成后，要按照 6S 的要求对现场进行整理，整理要求见表 1 - 6 - 5。

表 1 - 6 - 5　现场整理情况

名称	整理	整顿	清扫	清洁	安全
设备					
工具					
工作场地					

注解：完成的项目打√，没有完成的项目打×。

2. 技术文件整理

技术文件整理按表 1 - 6 - 6 的要求进行。

表 1 - 6 - 6　技术文件整理情况

名　称	资料所包括内容
水泥胶砂强度试验任务单	
水泥胶砂强度试验记录表	

3. 设备使用登记

设备使用登记情况见表 1 - 6 - 7。

表 1 - 6 - 6　设备使用记录表

设备使用记录表			
试验部门		试验日期	
试验名称	水泥胶砂强度试验		

（续）

序号	名　称	使用之前检查情况	使用之后复查情况	使用日期	使用者	备注
1						
2						
3						
4						
5						
6						

试验仪器使用情况

考核评价

水泥胶砂强度试验过程考核评价见表1-6-8。

表1-6-8　水泥胶砂强度试验过程考核评价表

| 学习任务一 | 水泥的试验 | | 项目六 | 水泥胶砂强度试验 | | | |

班级：		姓名：		学号：		指导教师：		
评价项目	评价标准	评价依据	小组评价（30%）	教师评价（70%）	权重	得分	总分
职业素质	具有团队协作精神（6分）	1. 教学日志；2. 课堂记录；3. 工作现场；4. 6S管理标准			6%		
	具有良好的心理素质和克服困难的能力（6分）				6%		
	具有诚信、敬业、吃苦、耐劳的精神（6分）				6%		
	具有科学、严谨的工作态度和创新精神（6分）				6%		
	具备较强的安全生产意识、质量意识、标准规范意识、环保意识（6分）				6%		
职业技能	制作水泥胶砂试件及养护（10分）	1. 试验任务单；2. 试验记录表			10%		
	水泥抗折强度试验（15分）				15%		
	水泥抗压强度试验（30分）				30%		
	检测结果分析。（15分）				15%		

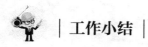 ｜ 工作小结 ｜

水泥胶砂强度试验工作小结

（1）我们完成这项学习任务后学到哪些知识、技能和素质？

_____

_____

_____

_____

_____

_____

_____

_____

（2）我们还有些地方做得不够好，要怎样继续努力改进？

_____

_____

_____

_____

_____

_____

_____

_____

学习任务二
土的试验

02

土工材料在建筑材料施工中大量采用。土是地壳表面的岩石经过物理风化、化学风化和生物风化作用之后的产物。自然界的土作为组成土体骨架的土粒，大小相差悬殊、性质各异。根据《公路土工试验规程》（JTG 3430—2020）进行土的粒组划分，如图2-1所示。

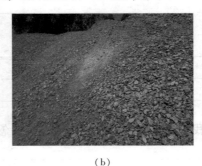

（a）　　　　　　　　　　　　　　　　　（b）

图2-1　施工中的土质材料

（a）公路土质路基　（b）公路土石路基

一、土与土体

1. 土的概念

土是地壳表层母岩经强烈风化作用而形成的颗粒大小不等、未经胶结的一种松散物质，它包括土壤、黏土、砂、岩屑、岩块和砾石等。

2. 土的特点

土的总的特征是颗粒与颗粒之间的黏结强度低，甚至没有黏结性。

3. 土的分类

根据土粒之间有无黏结性，土大致可为砂类土（砾石、砂）和黏质土两大类。

4. 土体的概念

土体是指建筑场地范围内主要由不同土层组成的单元体。土体按照成因可分为残积土、坡积土、洪积土、冲积土、淤积土、冰积土和风积土等类型。

二、土的粒度与粒组

1. 土的粒度概念

土的粒度是指土颗粒的大小，以粒径表示，通常以 mm 为单位。

2. 土的粒组概念

土粒由粗到细，粒径将每一区段中所包括大小比例相似且工程性质基本相同的颗粒合并为组，成为粒组。每个粒组的区间内常以其粒径的上、下限给粒组命名，如砾粒、砂粒、粉粒、黏粒等。各组内还可细分成若干亚组。

3. 土的粒组划分原则

（1）应符合粒径由量变到质变的规律。

（2）应与现代粒度分析观测技术水平相适应。

土质材料作为建筑工程施工用料，其质量直接影响路基施工的质量，因此土质的质量检验是很重要的一个环节。

项目一 土的含水率试验

白银市某工程路基施工，现场实验员取得路基填土，为保证施工现场用路基填料符合施工技术规范要求，送到我校进行土的含水率、土的颗粒分析、土的界限含水率、土的标准击实、土的 CBR 值试验，需要测定出土的含水率、土的液限和塑限、土的最大干密度和最佳含水率、土的承载比，要求 300 h 内完成任务。现需在 60 h 完成土的颗粒分析试验。

 接受任务

试验任务单见表 2 - 1 - 1。

表 2 - 1 - 1 试验任务单

工作地点	土工实验室	工　时	30 h	任务接受部门	实验室
下发部门		下发时间		完成时间	
工作内容					备注
（1）进行土的含水率试样制备。 （2）进行土的含水率测定。 （3）进行土的含水率试验结果计算与评定。 （4）出具土的含水率的试验报告。					
序号	土的含水率的技术参数				单位
1	m：湿土质量				g
2	m_s：干土质量				g

| **任务实施** |

知识链接 认识土的含水率试验

一、试验目的和适用范围

本试验方法适用于测定黏质土、粉质土、砂类土、砂砾石、有机质土和冻土土类的含水率。

二、土的含水率

含水率是表示土湿度的指标。土的天然含水率变化范围很大，从干砂接近于零，一直到饱和黏土的百分之几百。

土的含水率 w 指土中水的质量与固体颗粒质量之比，通常以百分数表示，即

$$w = m_w / m_s \times 100\%$$

三、试验仪器设备

（1）烘箱：可采用电热烘箱或温度能保持 105～110 ℃ 的其他能源烘箱。

（2）天平：称量 200 g，感量 0.01 g；称量 1 000 g。

（3）铝盒、干燥器。

步骤一 土的取样、试样制备

取具有代表性的试样 15～30 g，有机质土、砂类土和整体状构造冻土 50 g，放入称量盒内，盖上盒盖。

步骤二 土的含水率试验

（1）称量铝盒加湿土的质量，并记录数据；然后打开盒盖，将盒置于烘箱内烘至恒量；盖上盒盖，再次称量铝盒加干土的质量，并记录数据，如图 2-1-1 所示。

图 2-1-1 土的含水率试验

（2）填写土的含水率试验记录表，见表 2-1-2。

表2-1-2 土的含水率试验记录表

序号	铝盒质量（g）	湿土加铝盒质量（g）	干土加铝盒质量（g）	土的含水率（%）	平均含水率（%）	备注
1						
2						
3						
4						
...						

步骤三 土的含水率试验结果计算与评定

试样的含水率应按下式计算，准确至0.1%：

$$w = \frac{m - m_s}{m_s} \times 100\%$$

式中 m——湿土质量（g）；

m_s——干土质量（g）。

根据《公路土工试验规程》（JTG 3430—2020）对精密度与允许差的定义，本试验必须对两个试样进行平行测定，再取其算术平均值，允许平均差值应符合表2-1-3的规定。

表2-1-3 允许平均差值规定

含水率	允许平均差值
5%以下	0.3%
40%以下	≤1%
40%以上	≤2%
对层状和网状构造的冻土	≤3%

知识链接

土的含水率试验记录表填写案例，见表2-1-4。

表2-1-4 土的含水率试验记录表填写案例

序号	铝盒质量（g）	湿土加铝盒质量（g）	干土加铝盒质量（g）	土的含水率（%）	平均含水率（%）	备注
1	14.63	28.21	26.50	16.5	16.5	—
2	15.78	29.97	28.13	16.5		

(续)

序号	铝盒质量（g）	湿土加铝盒质量（g）	干土加铝盒质量（g）	土的含水量（%）	平均含水量（%）	试验结论
3						
4						
…						

 | 注意事项 |

土的含水率试验安全注意事项：

在进行土的含水率试验时，应注意安全用电，做好绝缘保护，防止漏电、短路。

步骤四　土的含水率试验验收

1. 现场整理

工作完成后，要按照 6S 的要求对现场进行整理，整理要求见表 2 – 1 – 5。

表 2 – 1 – 5　现场整理情况

名称	整理	整顿	清扫	清洁	安全
设备					
工具					
工作场地					

注解： 完成的项目打√，没有完成的项目打×。

2. 技术文件整理

技术文件整理按表 2 – 1 – 6 的要求进行。

表 2 – 1 – 6　技术文件整理情况

名　称	资料所包括内容
土的含水率试验任务书	
土的含水率试验记录表	

3. 设备使用登记

设备使用登记情况见表 2 – 1 – 7。

表 2 - 1 - 7　设备使用记录表

设备使用记录表					
试验部门			试验日期		
试验名称	土的含水率试验				
试验仪器使用情况					
序号	名　　称	使用之前检查情况	使用之后复查情况	使用日期	使用者	备注
1						
2						
3						
4						
5						

考核评价

土的含水率试验过程考核评价，见表 2 - 1 - 8。

表 2 - 1 - 8　土的含水率试验过程考核评价表

学习任务二	土的试验		项目一	土的含水率试验			
班级：　　　　姓名：　　　　　学号：　　　　　指导教师：							
评价项目	评价标准	评价依据	评价方式		权重	得分	总分
			小组评价（30%）	教师评价（70%）			
职业素质	具有团队协作精神（6分）	1. 教学日志；2. 课堂记录；3. 工作现场；4. 6S 管理标准			6%		
	具有良好的心理素质和克服困难的能力（6分）				6%		
	具有诚信、敬业、吃苦、耐劳的精神（6分）				6%		
	具有科学、严谨的工作态度和创新精神（6分）				6%		
	具备较强的安全生产意识、质量意识、标准规范意识、环保意识（6分）				6%		
职业技能	土的含水率试样制备（10分）	1. 试验记录表；2. 试验报告			10%		
	土的含水率试验（25分）				25%		
	土的含水率试验结果计算（20分）				20%		
	土的含水率试验结果评定（15分）				15%		

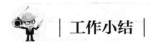 工作小结

土的含水率试验工作小结

（1）我们完成这项学习任务后学到哪些知识、技能和素质？

_____

_____

_____

_____

_____

_____

_____

（2）我们还有些地方做得不够好，要怎样继续努力改进？

_____

_____

_____

_____

_____

_____

_____

_____

项目二 土的颗粒分析试验

白银市某工程路基施工，现场实验员取得路基填土，为保证施工现场用路基填料符合施工技术规范要求，送到我校进行土的含水率、土的颗粒分析、土的界限含水率、土的标准击实、土的 CBR 值试验，需要测定出土的含水率、土的液限和塑限、土的最大干密度和最佳含水率、土的承载比，要求 300 h 内完成任务。现需在 60 h 完成土的颗粒分析试验。

接受任务

试验任务单见表 2 - 2 - 1。

表 2 - 2 - 1　试验任务单

工作地点	土工实验室	工　时	60 h	任务接受部门	实验室
下发部门		下发时间		完成时间	

工作内容	备注
（1）进行土的颗粒分析试样制备。 （2）进行土的颗粒分析测定。 （3）进行土的颗粒分析试验结果计算与评定。 （4）出具土的颗粒分析的试验报告。	

序号	土的颗粒分析的技术参数	单位
1	分计留筛试样质量	g
2	累计留筛试样质量	g
3	小于该孔径的试样质量 m_A	g
4	小于该孔径的试样质量百分数 m_A/m_B	g
5	小于该孔径的试样占试样总质量百分数 $(m_A/m_B) \times d_x$	g

任务实施

 知识链接　认识土的颗粒分析试验

一、试验目的和适用范围

本试验研究土中各土粒直径所占的质量百分数，以了解颗粒级配情况。本方法适用于分析粒径大于 0.075 mm 的土粒组成，对于粒径大于 60 mm 的土样，本试验方法不适用。

二、土的粒组划分

《公路土工试验规程》（JTG 3430—2020）关于粒组的划分见表 2 - 2 - 2。

表 2 - 2 - 2　粒组划分表

200	60	20	5	2	0.5	0.25	0.074	0.002（mm）
巨粒组		粗粒组						细粒组
漂石（块石）	卵石（小块石）	砾（角砾）			砂			粉粒
		粗	中	细	粗	中	细	黏粒

三、试验仪器设备

（1）标准筛：粗筛孔径为 60 mm、40 mm、20 mm、10 mm、5 mm、2 mm；

　　　　　　细筛孔径为 2.0 mm、1.0 mm、0.5 mm、0.25 mm、0.075 mm。

（2）天平：称量 200 g，感量 0.01 g；称量 1 000 g，感量 0.1 g。

（3）其他：烘箱、浅盘、毛刷等。

步骤一　土的取样、试样制备

从风干、松散的土样中，用四分法按下列规定取具有代表性的试样：

（1）$d_{\max} < 2$ mm 的试样　　　　　100 ~ 300 g；

（2）$d_{\max} < 10$ mm 的试样　　　　300 ~ 900 g；

（3）$d_{\max} < 20$ mm 的试样　　　　1 000 ~ 2 000 g；

（4）$d_{\max} < 40$ mm 的试样　　　　2 000 ~ 4 000 g；

（5）$d_{\max} > 40$ mm 的试样　　　　4 000 g 以上。

步骤二　土的颗粒分析试验

（1）将试样过 2 mm 筛，如图 2 - 2 - 1 所示。当大于 2 mm 且筛下土的质量小于土总质量 10% 时，采用粗筛分析法；当小于 2 mm 且筛下土的质量大于土总质量 10% 时，采用细筛分析法。

（2）将试样按从大到小的次序过筛，振摇 10 ~ 15 min，如图 2 - 2 - 2 所示。筛下的土粒应全部放入下一级筛内，并将留在各筛上的土样用毛刷刷净，分别称量。筛分操作的标准为每分钟筛下质量不大于该级筛筛余质量的 1% 为止。

（3）分别称量各筛筛余质量，如图 2 - 2 - 3 所示。筛后各级筛上和筛底土总质量与筛前试样质量之差，不应大于 1%；当小于 2 mm 且筛下土的质量小于总质量的 10% 时，可省略细筛分析；当大于 2 mm 且筛下土的质量大于总质量的 10% 时，可省略粗筛分析。

图 2 - 2 - 1　试样过 2 mm 筛　　　图 2 - 2 - 2　试样按大小过筛　　　图 2 - 2 - 3　称量筛余质量

（4）试验操作结束后，填写土的颗粒分析试验记录表，见表 2 - 2 - 3。

表2-2-3 土的颗粒分析试验记录表

分析筛类别	孔径（mm）	分计留筛试样质量（g）	累计留筛试样质量（g）	小于该孔径的试样质量（g）	小于该孔径的试样质量百分数（g）	小于该孔径试样占试样总质量百分数（%）
粗筛	60					
	40					
	20					
	10					
	5					
	2					
细筛	2					
	1					
	0.5					
	0.25					
	0.075					

步骤三 土的颗粒分析试验结果计算与评定

（1）小于某粒径的颗粒质量百分数计算：

$$X = \frac{A}{B} \times 100\%$$

式中 X——小于某粒径颗粒的质量百分数，计算至0.1%；

　　　　A——小于某粒径的颗粒质量（g）；

　　　　B——试样的总质量（g）。

（2）当粒径<2 mm颗粒采用四分法取样时，则该颗粒质量百分数为

$$X = \frac{a}{b} \times p \times 100\%$$

式中 X——小于某粒径颗粒的质量百分数，计算至0.1%；

　　　　a——通过2 mm筛的试样中小于某粒径的颗粒质量（g）；

　　　　b——通过2 mm筛的土样中所取试样的质量（g）；

　　　　p——粒径小于2 mm的颗粒质量百分数。

（3）在半对数坐标纸上，以小于某粒径的试样质量占试样总质量的百分比为纵坐标，颗粒粒径为横坐标，在单对数坐标纸上绘制颗粒大小分布曲线。求出各粒组的颗粒质量百分数，以整数（%）表示绘制累计曲线图。

知识链接

土的颗粒分析试验记录表填写案例，见表2-2-4。

表2-2-4　土的颗粒分析试验记录表填写案例

风干试样总质量（g）	500	小于0.075 mm的试样占试样总质量百分数（%）			—
2 mm筛上试样质量（g）	8.1	小于2 mm的试样占试样总质量百分数（%）			98.4
2 mm筛下试样质量（g）	491.9	细筛分析时所取试样质量（g）			491.9
分析筛类别	孔径（mm）	分计留筛试样质量（g）	累计留筛试样质量（g）	小于该孔径的试样质量	小于该孔径的试样质量百分数（%）	小于该孔径试样占试样总质量百分数（%）
粗筛	60	—				
	40	—				
	20	—				
	10	—				
	5	—				
	2	—				
细筛	2	0	0	491.9	100	98.4
	1	9.9	9.9	482.0	98.0	96.4
	0.5	88.8	98.7	393.2	79.9	78.6
	0.25	59.1	157.8	334.1	67.9	66.8
	0.075	184.1	341.9	150.0	30.5	30.0

颗粒大小单对数分布曲线：

步骤四　土的颗粒分析试验验收

1. 现场整理

工作完成后，要按照6S的要求对现场进行整理，整理要求见表2-2-5。

表2-2-5　现场整理情况

名称	整理	整顿	清扫	清洁	安全
设备					
工具					
工作场地					

注解：完成的项目打√，没有完成的项目打×。

2. 技术文件整理

技术文件整理按表2-2-6的要求进行。

表2-2-6 技术文件整理情况

名 称	资料所包括内容
土的颗粒分析试验任务书	
土的颗粒分析试验记录表	

3. 实习设备使用登记

实习设备使用登记情况见表2-2-7。

表2-2-7 实习设备使用记录表

设备使用记录表						
试验部门				试验日期		
试验名称	土的颗粒分析试验					
试验仪器使用情况						
序号	名 称	使用之前检查情况	使用之后复查情况	使用日期	使用者	备注
1						
2						
3						
4						
5						

考核评价

土的颗粒分析试验过程考核评价见表2-2-8。

表2-2-8 土的颗粒分析试验过程考核评价表

学习任务二	土的试验		项目二	土的颗粒分析试验			
班级：	姓名：		学号：		指导教师：		
评价项目	评价标准	评价依据	评价方式		权重	得分	总分
			小组评价（30%）	教师评价（70%）			
职业素质	具有团队协作精神；（6分）	1. 教学日志； 2. 课堂记录； 3. 工作现场； 4. 6S管理标准			6%		
	具有良好的心理素质和克服困难的能力；（6分）				6%		
	具有诚信、敬业、吃苦、耐劳的精神；（6分）				6%		
	具有科学、严谨、创新的工作态度；（6分）				6%		
	具备较强的安全生产意识、质量意识、标准规范意识、环保意识。（6分）				6%		

（续）

评价项目	评价标准	评价依据	评价方式		权重	得分	总分
			小组评价（30%）	教师评价（70%）			
职业技能	土的颗粒分析试样制备（10分）	1. 试验记录表；2. 试验报告			10%		
	土的颗粒分析试验；（25分）				25%		
	土的颗粒分析试验结果计算；（20分）				20%		
	土的颗粒分析试验结果评定。（15分）				15%		

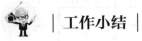

工作小结

土的颗粒分析试验工作小结

（1）我们完成这项学习任务后学到哪些知识、技能和素质？

_____

_____

_____

_____

_____

_____

_____

_____

（2）我们还有些地方做得不够好，我们要怎样继续努力改进？

_____

_____

_____

_____

_____

_____

_____

项目三　　土的界限含水率试验

白银市某工程路基施工，现场实验员取得路基填土，为保证施工现场用路基填料符合施工技术规范要求，送到我校进行土的含水率、土的颗粒分析、土的界限含水率、土的标准击实、土的 CBR 值试验，需要测定出土的含水率、土的液限和塑限、土的最大干密度和最佳含水率、土的承载比，要求 350 h 内完成任务。现需在 30 h 完成土界限的含水率试验。

接受任务

试验任务单见表 2-3-1。

表 2-3-1　试验任务单

工作地点	土工实验室	工　　时	60 h	任务接受部门	实验室
下发部门		下发时间		完成时间	
工作内容					备注
（1）能够进行土的界限含水率试样制备。					
（2）能够进行土的界限含水率测定。					
（3）能够进行土的界限含水率试验结果计算与评定。					
（4）能够出具土的界限含水率的试验报告。					
序号	土的界限含水率的技术参数				单位
1	h：圆锥下沉深度				mm
2	w：试样含水率				%

任务实施

知识链接　认识土的界限含水率试验

一、试验目的和适用范围

本试验的目的是联合测定土的液限和塑限，用于分割土类，计算天然稠度和塑性指数，供公路工程设计和施工使用。本试验方法适用于粒径不大于 0.5 mm 以及有机质含量不大于试样总质量 5% 的土。

二、黏性土的塑性及其指标

（1）土的塑性：指土在一定外力作用下可以塑造成任何形状而不改变其整体性，当外力取消后，在一段时间内仍保持其变形后的形态而不恢复原状的性能，也称为土的可塑性。

（2）土的塑性指数：即土的液限与塑限之差。塑性指数值越大，可塑性越强，反之则越小。

（3）土的液性指数：即土的天然含水量与塑限的差值和塑性指数之比。

三、试验仪器设备

（1）液塑限联合测定仪：锥质量为 100 g，锥角为 30°，光电式读数显示。

（2）天平：称量 200 g，感量 0.01 g；称量 1000 g，感量 0.1 g。

（3）铝盒：中号。

（4）其他：取土刀、调土皿、毛刷、凡士林等。

步骤一　土的取样、试样制备

取代表性土样，如土中含大于 0.5 mm 的土粒或杂物，应将风干土样用带橡皮头的研杵研碎或用木棒在橡皮板上压碎，并过 0.5 mm 筛。

步骤二　土的界限含水率试验

（1）取样 200 g，分别放入三个盛土皿，加入水密封放置 18 h，如图 2-3-1 所示。

（2）将制好的土样分层装入盛土杯，调整液塑限联合测定仪水平，将盛土杯放在液塑限联合测定仪平台上开始试验，记录 5s 后入土深度，如图 2-3-2 所示。

（3）测盛土杯中土的含水率，如图 2-3-3 所示。

图 2-3-1　取试样　　　　2-3-2　在液塑限仪平台试验　　　图 2-3-3　测量含水率

（4）填写土的界限含水率试验记录表，见表 2-3-2。

表 2-3-2　土的界限含水率试验记录表

试样编号	圆锥下沉深度 h（mm）	称量盒号	湿试样质量（g）	干试样质量（g）	联合测定含水量（%）		液限（%）	塑限（%）	塑性指数（%）
					单值	均值			

步骤三 土的界限含水率试验结果计算与评定

以含水率为横坐标，圆锥入土深度为纵坐标，在双对数坐标纸上绘制关系曲线。

（1）若 a、b、c 三点不在一条直线上，当根据 ab、ac 两条直线求出的液限（入土深度 $h = 20$ mm 对应的含水率 w）差值大于 2% 时，应重做。

（2）若差值小于 2% 时，以该两点含水率平均值与 a 值连成一条直线。

（3）在含水率与圆锥下沉深度的关系图上查得入土深度 $h = 20$ mm 对应的含水率 w 为液限；查得下沉深度为 h_p 所对应的含水率为土的塑限，取值以百分数表示，准确至 0.1%。

注：依《公路土工试验规程》（JTG 3430—2020）根据液限计算出塑限入土深度或查表得到塑限入土深度。

细粒土：

$$h_P = \frac{w_L}{0.524w_L - 7.606}$$

砂粒土：

$$h_P = 29.6 - 1.22w_L + 0.017w_L^2 - 0.0000744w_L^3$$

（4）得出土的液限、塑限，计算土的塑性指数 I_p。

知识链接

土的界限含水率试验记录表填写案例，见表 2-3-3。

表 2-3-3 土的界限含水率试验记录表

试样编号	圆锥下沉深度 h（mm）	称量盒号	湿试样质量（g）	干试样质量（g）	联合测定含水量（%） 单值	联合测定含水量（%） 均值	液限（%）	塑限（%）	塑性指数（%）
a	19.9	14.82	22.01	17.01	29.4	29.3			
	20.1	18.47	19.58	15.17	29.1				
b	12.3	14.74	17.56	13.95	25.9	26.0	29.3	13.5	15.8
	12.6	15.15	15.36	12.17	26.2				
c	4.5	14.63	13.58	11.87	14.4	14.6			
	4.7	15.78	14.20	12.35	14.9				

圆锥下沉深度 h 与联合测定含水率 w 双对数关系曲线：

步骤四 土的界限含水率试验验收

1. 现场整理

工作完成后，要按照 6S 的要求对现场进行整理，整理要求见表 2 - 3 - 4。

表 2 - 3 - 4 现场整理情况

名称	整理	整顿	清扫	清洁	安全
设备					
工具					
工作场地					

注解： 完成的项目打√，没有完成的项目打×。

2. 技术文件整理

技术文件整理按表 2 - 3 - 5 的要求进行。

表 2 - 3 - 5 技术文件整理情况

名 称	资料所包括内容
土的界限含水率试验任务书	
土的界限含水率试验记录表	

3. 实习设备使用登记

实习设备使用登记情况见表 2 - 3 - 6。

表 2 - 3 - 6 实习设备使用记录表

设备使用记录表						
试验部门				试验日期		
试验名称	土的界限含水率试验					
试验仪器使用情况						
序号	名 称	使用之前检查情况	使用之后复查情况	使用日期	使用者	备注
1						
2						
3						
4						
5						
6						

考核评价

土的界限含水率试验过程考核评价见表2－3－7。

表2－3－7 土的界限含水率试验过程考核评价表

学习任务二	土的试验		项目三	土的界限含水率试验

班级：　　　　　姓名：　　　　　　学号：　　　　　　　指导教师：

评价项目	评价标准	评价依据	评价方式		权重	得分	总分
			小组评价（30%）	教师评价（70%）			
职业素质	具有团队协作精神；（6分）	1. 教学日志； 2. 课堂记录； 3. 工作现场； 4. 6S管理标准			6%		
	具有良好的心理素质和克服困难的能力；（6分）				6%		
	具有诚信、敬业、吃苦、耐劳的精神；（6分）				6%		
	具有科学、严谨、创新的工作态度；（6分）				6%		
	具备较强的安全生产意识、质量意识、标准规范意识、环保意识。（6分）				6%		
职业技能	土的界限含水率试样制备；（10分）	1. 试验记录表； 2. 试验报告			10%		
	土的界限含水率试验；（25分）				25%		
	土的界限含水率试验结果计算；（20分）				20%		
	土的界限含水率试验结果评定。（15分）				15%		

工作小结

土的界限含水率试验工作小结

（1）我们完成这项学习任务后学到哪些知识、技能和素质？

_____
_____
_____
_____

（2）我们还有些地方做得不够好，我们要怎样继续努力改进？

_____
_____
_____
_____
_____
_____

项目四　土的标准击实试验

现需在 30 h 完成土的标准击实试验。

　　白银市某工程路基施工，现场实验员取得路基填土，为保证施工现场用路基填料符合施工技术规范要求，送到我校进行土的含水率、土的颗粒分析、土的界限含水率、土的标准击实、土的 CBR 值试验，需要测定出土的含水率、土的液限和塑限、土的最大干密度和最佳含水率、土的承载比，要求 300 h 内完成任务。

 | 接受任务 |

试验任务单见表 2 - 4 - 1。

表 2 - 4 - 1　试验任务单

工作地点	土工实验室	工　时	90 h	任务接受部门	实验室
下发部门		下发时间		完成时间	
工作内容					备注
（1）能够进行土的标准击实试样制备。 （2）能够进行土的标准击实测定。 （3）能够进行土的标准击实试验结果计算与评定。 （4）能够出具土的标准击实的试验报告。					

(续)

序号	土的标准击实的技术参数	单位
1	w：土样的含水率	%
2	ρ：土样的干密度	g/cm^3

 任务实施

知识链接 认识土的标准击实试验

一、试验目的和适用范围

采用击实试验确定土的最大干密度和最佳含水率。

本试验分轻型击实和重型击实，轻型击实试验适用于粒径小于 5 mm 的黏性土，重型击实试验适用于粒径不小于 20 mm 的土，采用三层击实时，最大粒径不大于 40 mm。

二、土的标准击实试验

击实试验是研究土的压实性能的室内基本试验方法。击实是指对土瞬时地重复施加一定的机械功使土体变密的过程。

三、试验仪器设备

（1）标准击实仪。

（2）台秤：称量 10 kg，感量 5 g。

（3）脱模器。

（4）其他：铝盒、筛（孔径 0.5 mm）、调土刀、浅盘、吸管、毛刷、凡士林等。

步骤一 土的取样、试样制备

土的取样和试样制备有干法和湿法两种，其适用最大粒径和试料用量见表 2 - 4 - 2。

表 2 - 4 - 2 干土法和湿土法适用情况

使用方法	最大粒径（mm）	试料用量（kg）
干土法（试样不重复使用）	20	至少 5 个试样，每个 3 kg
	40	至少 5 个试样，每个 6 kg
湿土法（试样不重复使用）	20	至少 5 个试样，每个 3 kg
	40	至少 5 个试样，每个 6 kg

1. 干土法（不重复使用）

应该按四分法至少准备 5 个试样，分别加入不同水分（按 2% ~3% 含水率递减），拌匀焖料一昼夜备用。

2. 湿土法（土不重复使用）

对于高含水率土可省略过筛，用手捡出大于 40 mm 的粗石子即可，保持天然含水率的第一个土样可立即用于击实试验，其余分别风干，使含水率按 2% ~3% 递减。

步骤二　土的标准击实试验

（1）击实筒与底座连接安装好护筒，称取一定量土试样倒入击实筒内，如图 2 - 4 - 1 所示。

（2）称取一定量土试样，倒入击实筒内，分层击实，如图 2 - 4 - 2 所示。

图 2 - 4 - 1　安装击实筒　　　　　图 2 - 4 - 2　分层击实试样

（3）称量筒与试样的总质量，准确至 1 g，如图 2 - 4 - 3 所示。

（4）用推土器将试样从击实筒中推出，如图 2 - 4 - 4 所示。

图 2 - 4 - 3　称重　　　　　　图 2 - 4 - 4　用推土器取试样

（5）试验操作结束后，填写土的标准击实试验记录表，见表 2 - 4 - 2。

表2-4-2　土的标准击实试验记录表

试验点号			1	2	3	4	5
含水率	盒号						
	盒加湿试样总质量（g）						
	盒加干试样总质量（g）						
	盒质量（g）						
	水质量（g）						
	干试样质量（g）						
	含水率（%）	单值					
		平均值					
干密度	筒加试样总质量（g）						
	筒质量（g）						
	湿试样质量（g）						
	筒体积（cm³）						
	湿密度（g/cm³）						
	干密度（g/cm³）						

步骤三　土的标准击实试验结果计算与评定

（1）按下式计算击实后各点的干密度：

$$\rho_d = \frac{\rho}{1 + 0.01w}$$

（2）以干密度为纵坐标，含水率为横坐标，绘制干密度与含水率的关系曲线，曲线上峰值点的纵、横坐标分别为最大干密度和最佳含水率。如曲线不能绘出明显的峰值点，应进行补点或重做。

（3）根据《公路土工试验规程》（JTG 3430—2020）对精密度和允许差的定义，本试验含水率需进行两次平行测定，再取其算术平均值，允许平行差值应符合表2-4-4的规定。

表2-4-4　含水率测定允许平行差值

含水率（%）	允许平行差（%）	含水率（%）	允许平行差（%）	含水率（%）	允许平行差（%）
5以下	0.3	40以下	≤1	40以上	≤2

知识链接

土的标准击实试验记录表填写案例，见表2-4-5。

表 2 -4 -5 土的标准击实试验记录表填写案例

试验点号		1		2		3		4		5	
含水率	盒号	66	53	60	12	27	85	63	29	13	72
	盒加湿试样总质量（g）	35.30	35.21	35.28	35.66	35.58	36.00	39.30	39.51	38.49	38.80
	盒加干试样总质量（g）	32.94	32.98	32.84	33.12	32.94	33.29	35.67	36.00	34.59	35.02
	盒质量（g）	15.30	15.18	15.18	15.66	15.48	15.85	15.17	16.32	14.74	15.68
	水质量（g）	2.36	2.23	2.24	2.54	2.64	2.71	3.63	3.51	3.90	3.78
	干试样质量（g）	17.64	17.80	17.66	17.46	17.46	17.44	20.50	19.68	19.85	19.34
	含水率（%） 单值	13.4	12.5	13.8	14.5	15.1	15.5	17.7	17.8	19.6	19.5
	含水率（%） 平均值	13.0		14.2		15.3		17.8		19.6	
干密度	筒加试样总质量（g）	4 058		4 168		4 198		4 148		4 088	
	筒质量（g）	2 073		2 073		2 073		2 073		2 073	
	湿试样质量（g）	1 985		2 058		2 125		2 075		2 015	
	筒体积（cm³）	997		997		997		997		997	
	湿密度（g/cm³）	1.99		2.10		2.13		2.08		2.02	
	干密度（g/cm³）	1.76		1.83		1.85		1.76		1.69	

最大干密度 ρ（g/cm³）：1.85   最优含水率 w（%）：15.3

$\rho - w$ 关系曲线：

步骤四 土的标准击实试验验收

1. 现场整理

工作完成后，要按照 6S 的要求对现场进行整理，整理要求见表 2 -4 -6。

表 2 -4 -6 现场整理情况

名称	整理	整顿	清扫	清洁	安全
设备					
工具					
工作场地					

注解：完成的项目打√，没有完成的项目打×。

2. 技术文件整理

技术文件整理按表 2 -4 -7 的要求进行。

表2-4-7　技术文件整理情况

名　称	资料所包括内容
土的标准击实试验任务书	
土的标准击实试验记录表	

3. 实习设备使用登记

实习设备使用登记情况见表2-4-8。

表2-4-8　实习设备使用记录表

设备使用记录表						
试验部门				试验日期		
试验名称	土的标准击实试验					
试验仪器使用情况						
序号	名　称	使用之前检查情况	使用之后复查情况	使用日期	使用者	备注
1						
2						
3						
4						
5						
6						
7						

考核评价

土的标准击实试验过程考核评价见表2-4-9。

表2-4-9　土的标准击实试验过程考核评价表

学习任务二	土的试验		项目四	土的标准击实试验				
班级：　　　　　姓名：　　　　　学号：　　　　　指导教师：								
评价项目	评价标准	评价依据	评价方式		权重	得分	总分	
			小组评价（30%）	教师评价（70%）				
职业素质	具有团队协作精神；（6分）	1. 教学日志； 2. 课堂记录；			6%			
	具有良好的心理素质和克服困难的能力；（6分）				6%			

（续）

评价项目	评价标准	评价依据	评价方式		权重	得分	总分
			小组评价（30%）	教师评价（70%）			
职业素质	具有诚信、敬业、吃苦、耐劳的精神；（6分）	3. 工作现场； 4. 6S管理标准			6%		
	具有科学、严谨、创新的工作态度；（6分）				6%		
	具备较强的安全生产意识、质量意识、标准规范意识、环保意识。（6分）				6%		
职业技能	土的标准击实试样制备；（10分）	1. 试验记录表； 2. 试验报告			10%		
	土的标准击实试验；（25分）				25%		
	土的标准击实试验结果计算；（20分）				20%		
	土的标准击实试验结果评定。（15分）				15%		

 | 工作小结 |

土的标准击实试验工作小结

（1）我们完成这项学习任务后学到哪些知识、技能和素质？

_____

_____

_____

_____

_____

_____

_____

_____

（2）我们还有些地方做得不够好，我们要怎样继续努力改进？

_____

_____

_____

_____

_____

_____

_____

_____

 项目五　土的承载比试验

白银市某工程路基施工，现场实验员取得路基填土，为保证施工现场用路基填料符合施工技术规范要求，送到我校进行土的含水率、土的颗粒分析、土的界限含水率、土的标准击实、土的 CBR 值试验，需要测定出土的含水率、土的液限和塑限、土的最大干密度和最佳含水率、土的承载比，要求 300 h 内完成任务。现需在 90 h 完成土的承载比试验。

┃接受任务┃

试验任务单见表 2-5-1。

表 2-5-1　试验任务单

工作地点	土工实验室	工 时	90 h	任务接受部门	实验室
下发部门		下发时间		完成时间	
工作内容					备注
（1）能够进行土的承载比试样制备。 （2）能够进行土的承载比测定。 （3）能够进行土的承载比试验结果计算与评定。 （4）能够出具土的承载比的试验报告。					

序号	土的承载比的技术参数	单位
1	ρ：土样的干密度	g/cm³
2	p：土样的单位压力	kPa
3	w_a：泡水后试件的吸水量	g
4	h：膨胀量	%

| **任务实施** |

知识链接 认识土的承载比试验

一、试验目的和适用范围

（1）本试验方法适用于在规定的试筒内制备试件后，对各种土和路面基层、底基层材料进行承载比试验。

（2）试样的最大粒径宜控制在 20 mm 以内，最大不得超过 40 mm 且含水率不超过 5%。

二、土的承载能力及承载比

1. 土基的承载能力

在车轮荷载作用下，路基路面结构的强度与刚度除了与材料的品质有关之外，路基的支撑起着决定性的作用。路基作为公路路面结构的基础，其抵抗荷载变形能力的大小，主要取决于路面顶层在一定应力级位下抵抗变形的能力。

2. 土的承载比

加州承载比是早年由美国加利福尼亚州提出的一种评定土基及路面材料承载能力的指标。承载能力以材料抵抗局部荷载压入变形的能力表征，并采用高质量标准碎石为标准，以它们的相对比值表示承载比值（即试件局部荷载压入变形达 2.5 mm 时的强度与标准碎石压入相同贯入量时，标准荷载强度的比值）。

3. 土的承载比计算

承载比计算：

$$承载比 = \frac{试验荷载单位压力}{标准荷载单位压力} \times 100\%$$

计算承载比值时，取贯入量为 2.5 mm 时的承载比。但当贯入量为 2.5 mm 时的承载比值小于贯入量为 5 mm 时的承载比值时，应以后者为准。

三、试验仪器设备

（1）标准击实仪。

（2）台秤：称量 10kg，感量 5 g。

（3）脱模器。

（4）承载比仪。

（5）其他：拌和盘、直尺、滤纸、毛刷等。

步骤一　土的取样、试样制备

（1）将具有代表性的风干试料（必要时可在 50 ℃烘箱内烘干），用木碾捣碎，但应尽量注意不使土或粒料的单个颗粒破碎。土团均应捣碎到可通过 5 mm 的筛孔。

（2）取有代表性的试料 50 kg，用 40 mm 筛筛除大于 40 mm 的颗粒，并记录超尺寸颗粒的百分数。将已过筛的试料按四分法取出约 25 kg。再用四分法将取出的试料分为 4 份，每份质量 6 kg，供击实试验和制件之用。

（3）在预定做击实试验的前一天，取有代表性的试料测定其风干含水率。

步骤二　土的承载比试验

（1）称量试筒质量（m_1），如图 2-5-1 所示；将试筒固定在底板上，再把垫块放入筒内并安上套环。

（2）将试料按规定的层数和每层击数进行击实，如图 2-5-2 所示；然后卸下套环并取出垫块，再次称量试筒和试件的质量（m_2）。

图2-5-1　称量试筒质量

图2-5-2　分层击实试样

（3）完成试件初制后，在试筒上面安装带有调节杆的多孔板，同时在多孔板上加四块荷载板，如图 2-5-3 所示。

（4）将试筒与多孔板一起放入水槽内，拉杆将模具拉紧，同时安装百分表并读取初读数，如图 2-5-4 所示。

图2-5-3　试筒加装多孔板

图2-5-4　试样安装百分表

（5）在水槽中注满水，试件连续泡水 96 h，泡水完成后读取试件上百分表终读数，如图 2-5-5 所示。

（6）从水槽中取出试件，倒出试件顶面的水，卸去附加荷载、多孔板、底板和滤纸后称量质量（m_3）。

（7）将完成泡水试验的试件放置在强度仪的升降台上，在贯入杆周围放置四块荷载板，如图2-5-6所示。

图2-5-5　试件泡水　　　　　　　　图2-5-6　试样安装至强度仪

（8）安装测力百分表和测变形百分表，把两只表的指针都调整至整数刻度上，如图2-5-7所示。

（9）记录测力计内在百分表的贯入量，如图2-5-8所示。

图2-5-7　安装百分表并调节指针　　　　图2-5-8　记录测力计贯入量

（10）试验操作结束后，填写土的承载比试验记录表，见表2-5-2和表2-5-3。

表2-5-2　土的承载比试验记录表-1

密度试验				最大干密度：	g/cm³
层数×击数				最佳含水率：	%
试筒号				含水率试验	
试筒+试件质量（g）					
试筒质量（g）					
试件质量（g）					
试筒体积（cm³）					
湿密度（g/cm³）					
含水量（%）					
干密度（g/cm³）					

（续）

压实度（%）				膨胀量记录			
吸水量记录				层数×击数			
层数×击数				试筒号			
试筒号				泡水前百分表读数（mm）			
泡水前试筒＋试件质量（g）				泡水后百分表读数（mm）			
泡水后试筒＋试件质量（g）				膨胀高度（mm）			
吸水质量（g）				膨胀量（mm）			

表2-5-3 土的承载比试验记录表-2

应力环校正系数 C =		N/0.01mm	贯入杆面积 A：			cm²	
层数 ×击数			最大干密度：		g/m³	最佳含水率：	%
试筒号							
贯入深度 （0.01 mm）	测力计读数 （0.01 mm）	单位压力 （kPa）	测力计读数 （0.01 mm）	单位压力 （kPa）	测力计读数 （0.01 mm）	单位压力 （kPa）	
0							
50							
100							
150							
200							
250							
300							
350							
400							
450							
500							
550							
承载比(2.5mm)=							
承载比(5.0mm)=							

步骤三 土的承载比试验结果计算与评定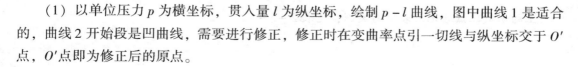

（1）以单位压力 p 为横坐标，贯入量 l 为纵坐标，绘制 $p-l$ 曲线，图中曲线1是适合的，曲线2开始段是凹曲线，需要进行修正，修正时在变曲率点引一切线与纵坐标交于 O' 点，O' 点即为修正后的原点。

（2）一般采用贯入量为 2.5 mm 时的单位压力与标准压力之比作为材料的承载比，即

$$CBR = p/7\,000 \times 100\%$$

式中 CBR——承载比，计算至 0.1%；

  p——单位压力（kPa）。

同时，计算贯入量为 5 mm 时的承载比：

$$CBR = p/10\,500 \times 100\%$$

如贯入量为 5 mm 时的承载比大于 2.5 mm 时的承载比，则试验要重做，如重做结果仍然如此，则采用 5 mm 时的承载比。

（3）试件的湿密度计算：

$$\rho = (m_2 - m_1)/2\,177$$

式中 ρ——试件的湿密度（g/cm^3），计算至 0.01 g/cm^3；

  m_2——试筒和试件的总质量（g）；

  m_1——试筒的质量（g）；

  2 177——试筒的容积（cm^3）。

（4）试件的干密度计算：

$$\rho_d = \rho/(1 + 0.01w)$$

式中 ρ_d——试件的干密度（g/cm^3），计算至 0.01 g/cm^3；

  w——试件的含水率（%）。

（5）泡水后试件的吸水量计算：

$$w_a = m_3 - m_2$$

式中 w_a——泡水后的吸水量（g）；

  m_3——泡水后试筒和试件的总质量（g）；

  m_2——试筒和试件的总质量（g）。

（6）根据《公路土工试验规程》（JTG 3430—2020）对精密度和允许差的定义，如根据 3 个平行试验结果计算的承载比变异系数 $C_v > 12\%$，则去掉一个偏离大的值，再取其余两个结果的平均值；如 $C_v < 12\%$，且 3 个平行试验结果计算的干密度偏差小于 0.03 g/cm^3，则取三个结果的平均值；如 3 个平等试验结果计算的干密度偏差超过 0.03%，则去掉一个偏离大的值，再取其两个结果的平均值。承载比小于 100，相对偏差不大于 5%；承载比大于 100，相对偏差不大于 10%。

📷 知识链接

土的承载比试验记录表填写案例，见表 2-5-4。

表2-5-4　土的承载比试验记录表填写案例

应力环校正系数 C =26.95 N/0.01mm		贯入杆面积 A：19.635 cm²			
层数×击数	3×98	最大干密度：1.84 g/cm³		最佳含水率：13.8%	
试筒号	1		2		3
贯入深度 （0.01 mm）	测力计读数 （0.01 mm）	单位压力 （kPa）	测力计读数 （0.01 mm）	单位压力 （kPa）	测力计读数 （0.01 mm）	单位压力 （kPa）
0	—	—	—	—	—	—
50	10.3	141	11.9	163	12.5	172
100	16.8	231	17.2	236	17.4	239
150	21.9	301	23.9	328	21.9	301
200	26.2	360	28.0	384	27.1	372
250	29.7	408	32.6	447	31.8	436
300	33.5	460	37.2	511	36.9	506
400	40.7	559	44.2	607	44.7	614
500	45.2	620	50.3	690	51.8	711
600	49.0	673	56.5	775	56.4	774
700	51.7	710	59.7	819	60.5	830
承载比(2.5 mm)=	5.86%		6.31%		6.19%	
承载比(5.0 mm)=	5.90%		6.53%		6.75%	
试验结论	贯入量为5 mm时的承载比大于2.5 mm时的承载比，重新试验后结果仍如此。					

步骤四　土的承载比试验验收

1. 现场整理

工作完成后，要按照6S的要求对现场进行整理，整理要求见表2-5-5。

表2-5-5　现场整理情况

名称	整理	整顿	清扫	清洁	安全
设备					
工具					
工作场地					

注解：完成的项目打√，没有完成的项目打×。

2. 技术文件整理

技术文件整理按表2-5-6的要求进行。

表 2 - 5 - 6　技术文件整理情况

名　称	资料所包括内容
土的承载比试验任务书	
土的承载比试验记录表	

3. 实习设备使用登记

实习设备使用登记情况见表 2 - 5 - 7。

表 2 - 5 - 7　实习设备使用记录表

设备使用记录表					
试验部门			试验日期		
试验名称	土的承载比试验				
试验仪器使用情况					
序号	名　称	使用之前检查情况	使用之后复查情况	使用日期	使用者　备注
1					
2					
3					
4					
5					
6					

考核评价

土的承载比试验过程考核评价见表 2 - 5 - 8。

表 2 - 5 - 8　土的承载比试验过程考核评价表

学习任务三	土的试验	项目一	土的承载比试验

班级：　　　姓名：　　　学号：　　　指导教师：

评价项目	评价标准	评价依据	评价方式 小组评价(30%)	教师评价(70%)	权重	得分	总分
职业素质	具有团队协作精神；（6分）	1. 教学日志；2. 课堂记录；			6%		
	具有良好的心理素质和克服困难的能力；（6分）				6%		
	具有诚信、敬业、吃苦、耐劳的精神；（6分）				6%		

（续）

评价项目	评价标准	评价依据	评价方式		权重	得分	总分
			小组评价（30%）	教师评价（70%）			
职业素质	具有科学、严谨、创新的工作态度；（6分）	3. 工作现场；4. 6S 管理标准			6%		
	具备较强的安全生产意识、质量意识、标准规范意识、环保意识。（6分）				6%		
职业技能	土的承载比试样制备；（10分）	1. 试验记录表；2. 试验报告			10%		
	土的承载比试验；（25分）				25%		
	土的承载比试验结果计算；（20分）				20%		
	土的承载比试验结果评定。（15分）				15%		

  | 工作小结 |

土的承载比试验工作小结

（1）我们完成这项学习任务后学到哪些知识、技能和素质？

_____

_____

_____

_____

_____

_____

_____

_____

_____

_____

_____

（2）我们还有些地方做得不够好，我们要怎样继续努力改进？

_____

_____

_____

_____

_____

_____

_____

_____

_____

_____

学习任务三
沥青的试验

03

一、概述

沥青是一种憎水性的有机胶凝材料，是由一些极其复杂的高分子的碳氢化合物及其非金属（氧、硫、氮）的衍生物所组成的混合物，构造致密，与石料、砖、混凝土及砂浆等能牢固地黏结在一起。建筑工程采用的沥青材料主要是石油沥青和煤焦沥青，如图3-1所示。石油沥青是将石油原油分馏出各种产品后的残渣加工而得到的产品。

（a）

（b）

图3-1　沥青材料
（a）石油沥青　（b）煤焦沥青

二、沥青材料的概念和分类

沥青材料是一种有机胶凝材料，是由一些极复杂的高分子的碳氢化合物及其非金属（氧、硫、氮）的衍生物所组成的混合物。

沥青按其在自然界中获得的方式，可分为地沥青和焦油沥青两大类。地沥青按其产源又可分为天然沥青、石油沥青。焦油沥青是由各种有机物（煤、泥炭、木材）干馏得到的焦油经再加工而得到的产品。焦油沥青按其加工的有机物名称命名，可分为煤沥青、木沥青、页岩沥青。

在建筑工程材料中最常用的主要是石油沥青和煤焦沥青两类。石油沥青可分为道路石油沥青、建筑石油沥青、普通石油沥青。

沥青材料作为沥青混合料的填充材料，沥青的质量直接影响沥青混合料的质量，因此沥青材料的质量检验是很重要的一个环节。

白银市某工程施工现场实验员取得沥青材料，为保证施工现场用沥青材料符合施工技术规范《公路沥青路面施工技术规范》（JTG F40—2004）要求，送到我校进行沥青的针入

085

度、沥青的延度、沥青的软化点试验，需要测定出沥青的针入度、沥青的延度、沥青的软化点，要求 150 h 内完成任务。

项目一　沥青的针入度试验

现需在 50 h 完成沥青的针入度试验。

接受任务

试验任务单见表 3 – 1 – 1。

表 3 – 1 – 1　试验任务单

工作地点	沥青实验室	工　　时	50 h	任务接受部门		实验室
下发部门		下发时间		完成时间		
工作内容						备注
（1）能够进行沥青的针入度试样制备。 （2）能够进行沥青的针入度测定。 （3）能够进行沥青的针入度试验结果计算与评定。 （4）能够出具沥青的针入度的试验报告。						
序号	沥青针入度的技术参数					单位
1	T：试验温度					℃
2	P：针入度					0.01 mm

任务实施

知识链接　认识沥青针入度试验

一、试验目的和适用范围

通过针入度的测定掌握不同沥青的黏稠度以及进行沥青标号的划分。本方法适用于测定道路石油沥青、聚合物改性沥青的针入度以及液体石油沥青蒸馏或乳化沥青蒸发后残留物的针入度。

二、沥青针入度的概念

沥青针入度是测定黏稠石油沥青黏滞性的常用技术指标，采用针入度仪测定。沥青的针入度是在规定温度条件下，以具有规定荷载的标准针经历规定的时间，贯入试样的深度，以 0.1 mm 表示。试验条件以 P、T、m、t 表示，其中 P 为针入度、T 为试验温度、m 为荷载，t 为贯入时间。

沥青的针入度值越小，表示黏度越大。

三、试验仪器设备

（1）针入度仪：精确度等级 0.1 mm。

（2）标准针：由硬化回火的不锈钢制成，针及针杆总质量为 2.5 g±0.05 g。

（3）盛样皿：金属制，圆柱形平底。小盛样皿的内径 55 mm，深 35 mm（适用于针入度小于 200）。

（4）恒温水浴：容量不小于 10 L，控温的准确度为 0.1 ℃。

（5）平底玻璃皿、三脚架：容量不小于 1 L，深度不小于 80 mm，内设有一不锈钢三角支架，能使稳定放置盛样皿。

（6）标准筛：筛孔孔径 0.6 mm。

（7）溶剂：三氯乙烯。

步骤一　沥青针入度的取样、试样制备

将沥青在不超过预计软化点 100 ℃ 的温度下加热脱水，用筛过滤除去杂质，再加热，在搅拌过程中避免试样中混入空气泡，之后注入盛样皿中，深度不少于 30 mm，然后遮盖盛样皿以防落入灰尘，使其在 15~30 ℃ 的室内冷却 1~2 h，最后移入维持在规定试验温度的恒温水浴中，恒温 1~1.5 h。

步骤二　沥青针入度试验

（1）调节针入度仪水平，插入标准针，如图 3-1-1 所示。

（2）将盛样皿放入平底玻璃皿中，再将平底玻璃皿放置在针入度仪平台上，如图 3-1-2 所示。

　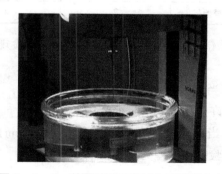

图 3-1-1　调节针入度仪　　　　图 3-1-2　放置玻璃皿在针入度仪平台上

（3）放入针连杆，使针尖刚好与试样表面接触，如图 3-1-3 所示。

（4）使标准针自由下落穿入沥青试样，5 s 后读取刻度盘指标度数，如图 3-1-4 所示。

图3-1-3　放入针连杆

图3-1-4　针入度试验并读数

（5）填写沥青针入度试验记录表，见表3-1-2。

表3-1-2　沥青针入度试验记录表

序号	试验温度（℃）	试针荷重（g）	贯入时间（s）	刻度盘初读数	刻度盘终读数	针入度（0.1mm）	
						测定值	平均值
1							
2							
3							
4							
5							
6							

步骤三　沥青针入度试验结果计算与评定

以三次测定针入度的平均值（取整数）作为测定结果，三次测定的针入度值相差不应大于表3-1-3中的数值。

表3-1-3　针入度最大差值

针入度	0~49	50~149	150~249	250~350
最大差值	2	4	12	20

根据《公路工程沥青及沥青混合料试验规程》（JTG E20—2011）对精密度与允许差的定义：

（1）当试验结果小于50（0.1mm）时，重复性试验的允许差为2（0.1mm），复现性试验的允许差为4（0.1mm）。

（2）当试验结果等于或大于50（0.1mm）时，重复性试验的允许差为平均值的4%。复现性试验的允许差为平均值的8%。

知识链接

沥青针入度试验记录表填写案例，见表3-1-4。

表3－1－4　沥青针入度试验记录表填写案例

序号	试验温度（℃）	试针荷重（g）	贯入时间（s）	刻度盘初读数	刻度盘终读数	针入度（0.1mm）	
						测定值	平均值
1	25	100	5	0	3.01	3.0	
2	25	100	5	0	4.49	4.5	4
3	25	100	5	0	3.94	4.0	
4							
5							
6							
试验结论：							

步骤四　沥青针入度试验验收

1. 现场整理

工作完成后，要按照6S的要求对现场进行整理，整理要求见表3－1－5。

表3－1－5　现场整理情况

名称	整理	整顿	清扫	清洁	安全
设备					
工具					
工作场地					

注解：完成的项目打√，没有完成的项目打×。

2. 技术文件整理

技术文件整理按表3－1－6的要求进行。

表3－1－6　技术文件整理情况

名　称	资料所包括内容
沥青的针入度试验任务书	
沥青的针入度试验记录表	

3. 实习设备使用登记

实习设备使用登记情况见表 3 - 1 - 7。

表 3 - 1 - 7 实习设备使用记录表

设备使用记录表					
试验部门				试验日期	
试验名称	沥青的针入度试验				
试验仪器使用情况					
序号	名　　称	使用之前检查情况	使用之后复查情况	使用日期	使用者	备注
1						
2						
3						
4						
5						

考核评价

沥青的针入度试验过程考核评价见表 3 - 1 - 8。

表 3 - 1 - 8 沥青的针入度试验过程考核评价表

学习任务三	沥青的试验		项目一	沥青的针入度试验

班级:　　　　姓名:　　　　学号:　　　　指导教师:

评价项目	评价标准	评价依据	评价方式		权重	得分	总分
			小组评价(30%)	教师评价(70%)			
职业素质	具有团队协作精神;(6分)	1. 教学日志; 2. 课堂记录; 3. 工作现场; 4. 6S 管理标准			6%		
	具有良好的心理素质和克服困难的能力;(6分)				6%		
	具有诚信、敬业、吃苦、耐劳的精神;(6分)				6%		
	具有科学、严谨、创新的工作态度;(6分)				6%		
	具备较强的安全生产意识、质量意识、标准规范意识、环保意识。(6分)				6%		

（续）

评价项目	评价标准	评价依据	评价方式		权重	得分	总分
			小组评价（30%）	教师评价（70%）			
职业技能	沥青的针入度试样制备；（10分）	1. 试验记录表； 2. 试验报告			10%		
	沥青的针入度试验步骤；（25分）				25%		
	沥青的针入度试验结果计算；（20分）				20%		
	沥青的针入度试验结果评定。（15分）				15%		

 | 工作小结 |

沥青的针入度试验工作小结

（1）我们完成这项学习任务后学到哪些知识、技能和素质？

_____

_____

_____

_____

_____

_____

（2）我们还有些地方做得不够好，我们要怎样继续努力改进？

_____

_____

_____

_____

_____

_____

_____

项目二　沥青的延度试验

现需在 50 h 完成沥青的延度试验。

| 接受任务 |

试验任务单见表 3 – 2 – 1。

表 3 – 2 – 1　试验任务单

工作地点	沥青实验室	工　　时	50 h	任务接受部门	实验室
下发部门		下发时间		完成时间	
工作内容					备注
（1）能够进行沥青延度试样制备。 （2）能够进行沥青延度测定。 （3）能够进行沥青延度试验结果计算与评定。 （4）能够出具沥青延度的试验报告。					
序号	沥青延度的技术参数				单位
1	T：试验温度				℃
2	L：延度值				cm

 | 任务实施 |

 知识链接　认识沥青延度试验

一、试验目的和适用范围

测定道路石油沥青、聚合物改性沥青、液体沥青蒸馏残留物和乳化蒸发残留物等材料的延度。试验温度与拉伸速度根据要求采用，通常试验温度为 25 ℃、15 ℃、10 ℃、5 ℃，拉伸速度为 5 cm/min ±0.25 cm/min；当低温并采用 1 cm/min ±0.05 cm/min 拉伸速度时，应在报告中注明。

二、沥青的延度

沥青延度是将沥青试样制成标准试模，在规定拉伸速度（如 5 cm/min）和规定温度（如 25 ℃）下拉断时的长度，以 cm 表示。《公路工程沥青及沥青混合料试验规程》（JTG E20—2011）规定，沥青的塑性用延度表示，用延度仪测定。

三、试验仪器设备：

（1）延度仪：能保持规定的试验温度及按照规定拉伸速度拉伸试件。

（2）试模：由两个端模和两个侧模组成。

（3）恒温水浴、隔离剂、三氯乙烯等。

步骤一 沥青的取样及试样制备

（1）将隔离剂拌匀涂在磨光的金属板上和侧模的内侧面，将试模在金属板上组装好。

（2）将脱去水分的沥青在不超过估计软化点100 ℃的温度下加热、软化、过筛，并充分搅拌排除气泡，然后将沥青呈细流状自模的一端往返注入，使试样略高出模具。

（3）浇注好的试样在15～30 ℃的空气中冷却30 min，然后放入24.5～25.5 ℃的恒温水浴中1～1.5 h。

（4）检查延度仪拉伸速度是否符合要求，然后移动滑板使其指标正对标尺的零点，保持水槽中的水温24.5～25.5 ℃。

步骤二 沥青的延度试验

（1）将试件移入延度仪水槽，将模具两端分别套入金属柱上，如图3-2-1所示。

（2）开动延度仪，观察沥青拉伸情况，如图3-2-2所示。

（3）试件拉断时记录延度值，如图3-2-3所示。

图3-2-1 试件放入延度仪水槽　　图3-2-2 拉伸沥青试样　　图3-2-3 记录延度值

（4）填写沥青的延度试验记录表，见表3-2-2。

表3-2-2 沥青的延度试验记录表

序号	试验温度（℃）	试验速度（cm/min）	测定值（mm）	平均值（mm）
1				
2				
3				
4				
5				
6				
…				

步骤三 沥青的延度试验结果计算与评定

（1）3个试样的延度与其平均值不得超过平均值的 ±10% 。

（2）同一试样，每次平行试验不少于3个试件，如3个测定结果均大于100 cm，试验结果记作"＞100"cm。

（3）如3个测定结果中，有一个以上的测定值小于100 cm，若最大值或最小值与平均值之差满足重复性试验精密度要求，则取3个测定结果的平均值的整数作为延度试验结果；若平均值大于100 cm，记作"＞100"cm。

（4）若最大值或最小值与平均值之差不符合重复性试验精密度要求，试验应重新进行。

根据《公路工程沥青及沥青混合料试验规程》（JTG E20—2011）对精密度或允许差的定义：当试验结果小于100 cm时，重复性试验的允许差为平均值的20%，复现性试验的允许差为平均值的30%。

知识链接

沥青的延度试验记录表填写案例，见表3-2-3。

表3-2-3 沥青的延度试验记录表填写案例

序号	试验温度 （℃）	试验速度 （cm/min）	测定值 （mm）	平均值 （mm）
1	25	5	＞100	＞100
2	25	5	＞100	
3	25	5	＞100	
4				
5				
6				
试验结论：				

步骤四 沥青的延度试验验收

1. 现场整理

工作完成后，要按照6S的要求对现场进行整理，整理要求见表3-2-4。

表3-2-4　现场整理情况

名称	整理	整顿	清扫	清洁	安全
设备					
工具					
工作场地					

注解：完成的项目打√，没有完成的项目打×。

2. 技术文件整理

技术文件整理按表3-2-5的要求进行。

表3-2-5　技术文件整理情况

名　称	资料所包括内容
沥青的延度试验任务书	
沥青的延度试验记录表	

3. 实习设备使用登记

实习设备使用登记情况见表3-2-6。

表3-2-6　实习设备使用记录表

设备使用记录表						
试验部门				试验日期		
试验名称	沥青的延度试验					

试验仪器使用情况

序号	名　称	使用之前检查情况	使用之后复查情况	使用日期	使用者	备注
1						
2						
3						
4						
5						

考核评价

沥青的延度试验过程考核评价见表3-2-7。

表3-2-7　沥青的延度试验过程考核评价表

学习任务三	沥青的试验		项目二		沥青的延度试验			
班级：	姓名：		学号：		指导教师：			
评价项目	评价标准	评价依据	评价方式		权重	得分	总分	
			小组评价（30%）	教师评价（70%）				
职业素质	具有团队协作精神；（6分）	1. 教学日志；2. 课堂记录；3. 工作现场；4. 6S管理标准			6%			
	具有良好的心理素质和克服困难的能力；（6分）				6%			
	具有诚信、敬业、吃苦、耐劳的精神；（6分）				6%			
	具有科学、严谨、创新的工作态度；（6分）				6%			
	具备较强的安全生产意识、质量意识、标准规范意识、环保意识。（6分）				6%			
职业技能	沥青的延度试样制备（10分）	1. 试验记录表；2. 试验报告			10%			
	沥青的延度试验；（25分）				25%			
	沥青的延度试验结果计算；（20分）				20%			
	沥青的延度试验结果评定。（15分）				15%			

工作小结

沥青的延度试验工作小结

（1）我们完成这项学习任务后学到哪些知识、技能和素质？

（2）我们还有些地方做得不够好，我们要怎样继续努力改进？

 项目三　沥青的软化点试验

现需在 50 h 完成沥青的软化点试验。

接受任务

试验任务单见表 3 - 3 - 1。

表 3 - 3 - 1　试验任务单

工作地点	沥青实验室	工　　时	50 h	任务接受部门		实验室
下发部门		下发时间		完成时间		
工作内容						备注
（1）能够进行沥青的软化点试样制备。						
（2）能够进行沥青的软化点测定。						
（3）能够进行沥青的软化点试验结果计算与评定。						
（4）能够出具沥青的软化点试验报告。						
序号		沥青的软化点的技术参数				单位
1	T_0：起始温度					℃
2	T：软化温度					℃

任务实施

 知识链接　认识沥青软化点试验

一、试验目的和适用范围

本试验测定沥青的热稳定性和由固态受热后变成液态的温度。

本试验适用于测定道路石油沥青、聚合物改性沥青、液体石油沥青、煤沥青蒸馏残留物或乳化沥青蒸发残留物的软化点。

二、沥青的软化点

沥青高温敏感性用软化点表示。软化点是沥青材料由固体状态变为具有一定流动态时滴落点和硬化点之间温度间隔的 87.21%。我国现行《公路工程沥青及沥青混合料试验规程》（JTJ E20 – 2011）规定，沥青软化点一般采用环球法软化点仪测定。

三、试验仪器设备

（1）沥青软化点仪：主要由钢球（直径 9.53 mm，质量 3.5 g ± 0.05 g）、试样环、钢球定位环（黄铜或不锈钢等制成）、金属支架、耐热玻璃烧杯（800 ~ 1 000 mL，直径不小于 86 mm，高不小于 120 mm）。

（2）恒温水浴。

（3）其他：平刮刀、玻璃板、隔离剂、三氯乙烯。

步骤一　沥青的取样及试样制备

（1）将试样环放在涂有隔离剂的金属板上，将预先脱水的试样加热熔化，并不断搅拌，以防止局部加热，加热温度不得高于沥青估计软化点 100 ℃，在搅拌过筛后注入试样环内，使沥青略高出环面，且高出环面的试样用平刮刀刮去，使与环面齐平。

（2）估计软化点不高于 80 ℃的试样，将盛有试样的黄铜环及板置于盛满水的保温槽内，水温保持在 5 ± 0.5 ℃，并恒温 15 min。

（3）估计软化点高于 80 ℃的试样，将盛有试样的黄铜环及板置于盛满甘油的保温槽内，甘油温度保持在 31 ~ 33 ℃，并恒温 15 min，钢球也应同条件恒温 15 min。

（4）烧杯内注入新煮沸并冷却至 5 ℃的蒸馏水（估计软化点不高于 80 ℃的试样），或注入预先加热至约 32 ℃的甘油（估计软化点高于 80 ℃的试样），使水面或甘油面略低于环架连杆上的深度标记。

步骤二　沥青的软化点试验

（1）把整个环架放入烧杯内，调整水面或甘油液面至深度标记，如图 3 – 3 – 1 所示。

（2）打开软化点仪，按启动键进入试验，如图3-3-2所示。

（3）记录试样受热下坠至与支架下底板表面接触时的温度值，如图3-3-3所示。

图3-3-1　将环架放入烧杯　　图3-3-2　启动软化点仪　　图3-3-3　试样与支架底板接触

（4）填写沥青的软化点试验记录表，见表3-3-2。

表3-3-2　沥青的软化点试验记录表

试样编号	烧杯中液体温度上升记录（℃）						测定值（℃）	平均值（℃）
	开始温度（℃）	第1种	第2种	第3种	第4种	第5种		
1								
2								
3								
4								
5								
6								
…								

步骤三　沥青的软化点试验结果计算与评定

测得温度计的温度值即为试样的软化点，以两个试样的软化点平均值作为测定结果，准确至0.5 ℃。

根据《公路工程沥青及沥青混合料试验规程》（JTG E20—2011）对精密度或允许差的定义，重复测定两个结果间的差数不得大于下列规定：

（1）当试验结果小于80 ℃时，重复性试验的允许差为1 ℃。复现性试验的允许差为4 ℃。

（2）当试验结果等于或大于80 ℃时，重复性试验的允许差为2 ℃。复现性试验的允许差为8 ℃。

知识链接

沥青的软化点试验记录表填写案例，见表3-3-3。

表3-3-3 沥青的软化点试验记录表

试样编号	烧杯中液体温度上升记录 （℃）							
	开始温度（℃）	第1种	第2种	第3种	第4种	第5种	测定值（℃）	平均值（℃）
1	5	—	—	—	—	—	56.7	56.8
2	5	—	—	—	—	—	56.8	
3								
4								
5								
6								
试验结论：								

步骤四 沥青的软化点试验验收

1. 现场整理

工作完成后，要按照6S的要求对现场进行整理，整理要求见表3-3-4。

表3-3-4 现场整理情况

名称	整理	整顿	清扫	清洁	安全
设备					
工具					
工作场地					

注解： 完成的项目打√，没有完成的项目打×。

2. 技术文件整理

技术文件整理按表3-3-5的要求进行。

表 3 -3 -5　技术文件整理情况

名　　称	资料所包括内容
沥青的软化点试验任务书	
沥青的软化点试验记录表	

3. 实习设备使用登记

实习设备使用登记情况见表 3 -3 -6。

表 3 -3 -6　实习设备使用记录表

设备使用记录表					
试验部门			试验日期		
试验名称	沥青的软化点试验				
试验仪器使用情况					
序号	名　　称	使用之前检查情况	使用之后复查情况	使用日期	使用者	备注
1						
2						
3						
4						
5						
6						

考核评价

沥青的软化点试验过程考核评价见表 3 -3 -7。

表 3 -3 -7　沥青的软化点试验过程考核评价表

学习任务三	沥青的试验		项目三	沥青的软化点试验				
班级：		姓名：		学号：		指导教师：		
评价项目	评价标准	评价依据	评价方式		权重	得分	总分
			小组评价（30%）	教师评价（70%）			
职业素质	具有团队协作精神；（6 分）	1. 教学日志； 2. 课堂记录；			6%		
	具有良好的心理素质和克服困难的能力；（6 分）				6%		
	具有诚信、敬业、吃苦、耐劳的精神；（6 分）				6%		

（续）

评价项目	评价标准	评价依据	评价方式		权重	得分	总分
			小组评价（30%）	教师评价（70%）			
职业素质	具有科学、严谨、创新的工作态度；（6分）	3. 工作现场 4. 6S 管理标准			6%		
	具备较强的安全生产意识、质量意识、标准规范意识、环保意识。（6分）				6%		
职业技能	沥青的软化点试样制备；（10分）	1. 试验记录表； 2. 试验报告			10%		
	沥青的软化点试验；（25分）				25%		
	沥青的软化点试验结果计算；（20分）				20%		
	沥青的软化点试验结果评定。（15分）				15%		

 | 工作小结 |

沥青的软化点试验工作小结

（1）我们完成这项学习任务后学到哪些知识、技能和素质？

（2）我们还有些地方做得不够好，我们要怎样继续努力改进？

_____

_____

_____

_____

_____

_____

_____

_____

_____

学习任务四
细集料的试验

04

一、概述

集料是公路工程建筑中用量最大的一种材料，可以直接用在公路或桥隧的圬工结构中，也可以作为水泥混凝土或者沥青混合料的集料。工程上一般将集料分为细集料和粗集料两类。在水泥混凝土中，细集料是指粒径小于 4.75 mm 的天然砂、人工砂；在沥青混合料中，细集料是指粒径小于 2.36 mm 的天然砂、人工砂及石屑。砂的具体种类如图 4－1 所示。

| （a） | （b） | （c） | （d） |

图 4－1　砂的种类

（a）河砂　（b）山砂　（c）海砂　（d）人工砂

二、砂的分类及特点

砂按来源分为两类，一类是天然砂，一类是人工砂。

1．天然砂

天然砂是岩石在自然条件下风化形成的，其因产源不同分为河砂、山砂和海砂。

（1）河砂：颗粒表面圆滑，比较洁净，质地较好，产源广。

（2）山砂：颗粒表面粗糙有棱角，含泥和有机质多。

（3）海砂：具有河砂特点，但常有贝壳碎片和盐分等有害杂质。

2．人工砂

人工砂是将岩石轧碎而成的颗粒，表面多棱角，较洁净，但造价高。在建筑工程上使用这些细集料的时候必须按规定做技术检验。

细集料作为水泥混凝土和沥青混合料中的填充材料，细集料的品质直接影响水泥混凝土和沥青混合料的质量，因此细集料的质量检验是很重要的一个环节。

项目一 细集料的筛分试验

砂子是预拌混凝土的主要原材料之一,其质量对混凝土强度具有决定性关系,在其他指标相同的条件下,细度模数越低,表示砂子颗粒越小,单位重量的砂子表面积越大,需水量增大,在胶凝材料用量相同的情况下,有降低混凝土强度的负作用。

白银市某高速公路上有座大桥,按照设计要求,施工中必须保证外露混凝土的外观,因此保证混凝土中各原材料的质量是确保设计质量的基本要求。由于原材料缺乏,加上施工条件限制,导致进场砂子的细度模数不稳定。在施工过程中,砂子时粗时细,混凝土的和易性难以保持稳定,给质量控制造成严重影响。为此,该项目部委托实验室对砂子进行筛分试验,并根据试验结果计算砂的细度模数,以消除施工过程中砂子细度模数不稳定对混凝土的影响。试验完成后,实验员需要对试验结果进行计算和评定,最后填写试验记录表,并交付实验室主任审核。

 接受任务

试验任务单见表 4 – 1 – 1。

表 4 – 1 – 1 试验任务单

工作地点	集料实验室	工 时	30 h	任务接受部门		实验室
下发部门		下发时间		完成时间		

工作内容	备注
(1)制备砂筛分试验的试样。 (2)准备砂筛分试验的仪器。 (3)进行砂筛分试验操作。 (4)进行砂筛分试验结果计算与评定。 (4)填写细集料筛分试验记录表。	

序号	砂筛分试验的技术参数		单位
1	a_i:	分计筛余百分率	%
2	A_i:	累计筛余百分率	%
3	P_i:	通过百分率	%
4	M_x:	天然砂的细度模数	

 任务实施

知识链接 认识细集料的筛分试验

一、细集料筛分试验的目的与适用范围

测定细集料（天然砂、人工砂、石屑）的颗粒级配及粗细程度。对水泥混凝土用细集料可采用干筛法，如果需要也可采用水洗法筛分；对沥青混合料及基层用细集料必须用水洗法筛分。

二、细集料筛分试验的术语及定义

（1）细集料的颗粒级配：指细集料中大小颗粒的相互搭配情况。细集料的颗粒级配可以通过细集料的筛分试验确定。

（2）级配的相关参数：分计筛余百分率、累计筛余百分率和通过百分率。

（3）粗度：指不同粒径的砂搭配后总体的粗细程度，它是评价砂粗细程度的一种指标，通常用细度模数指标来表示。

（4）根据《公路桥涵施工技术规范》（JTG/T 41—2020）的规定，砂按其细度模数分为三大类，见表 4 - 1 - 2。

表 4 - 1 - 2 砂分类表

分类	粗砂	中砂	细砂
细度模数 M_x	3.1 ~ 3.7	2.3 ~ 3.0	1.6 ~ 2.2

（5）细集料的颗粒级配范围，见表 4 - 1 - 3。

表 4 - 1 - 3 颗粒级配（GB/T 14684—2011）

累计筛余（%） \ 级配区 \ 筛孔尺寸	1	2	3
9.50 mm	0	0	0
4.75 mm	0 ~ 10	0 ~ 10	0 ~ 10
2.36 mm	5 ~ 35	0 ~ 25	0 ~ 15
1.18 mm	35 ~ 65	10 ~ 50	0 ~ 25
0.60 mm	71 ~ 85	41 ~ 70	16 ~ 40
0.30 mm	80 ~ 95	70 ~ 92	55 ~ 85
0.15 mm	90 ~ 100	90 ~ 100	90 ~ 100

注：① 砂的实际颗粒级配与表中所列数字相比，除 4.75 mm 和 0.60 mm 筛外，可以略有超出，但超出总量应小于 5%；

② 1 区人工砂中 0.15 mm 筛孔的累计筛余可以放宽到 85 ~ 100，2 区人工砂中 0.15 mm 筛孔的累计筛余可以放宽到 80 ~ 100，3 区人工砂中 0.15 mm 筛孔的累计筛余可以放宽到 75 ~ 100。

三、主要仪器介绍

（1）标准筛。

（2）天平：称量 1 000 g，感量不大于 0.5 g。

（3）摇筛机。

（4）烘箱：能控温在 105 ℃ ±5 ℃。

（5）其他：浅盘和硬、软毛刷等。

步骤一　试验前的准备工作

根据样品中最大粒径的大小，选用适宜的标准筛，通常为 9.5 mm 筛，筛除其中的超粒径材料，然后将样品在潮湿状态下充分拌匀，用分料器法或四分法缩分至每份不少于 550 g 的试样两份，在 105 ℃ ±5 ℃ 的烘箱中烘干至恒重，并冷却至室温后备用。

步骤二　细集料的筛分试验

（1）准确称取烘干试样约 500 g（m_1），准确至 0.5 g，置于套筛的最上面一个，即 4.75 mm 筛上，将套筛装入摇筛机，摇筛约 10 min，然后取出套筛，再按筛孔大小顺序，从最大的筛号开始，在清洁的浅盘上逐个进行手筛，直到每分钟的筛出量不超过筛上剩余量的 0.1% 时为止。将筛出通过颗粒并入下一号筛，并和下一号筛中的试样一起过筛，以此顺序进行至各筛全部筛完为止，如图 4 - 1 - 1 所示。

2. 称量各筛筛余试样的质量，精确至 0.5 g。所有各筛的分计筛余量和底盘中剩余量的总量与筛分前的试样总量，相差不得超过后者的 1%，如图 4 - 1 - 2 所示。

图 4 - 1 - 1　试样过筛

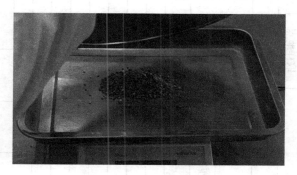
图 4 - 1 - 2　称量筛余试样

（3）试验操作结束后，填写细集料筛分试验记录表，见表 4 - 1 - 4。

表4-1-4　细集料筛分试验记录表

试验单位		取样地点		试验人签字		试验完成日期		年　月　日
初拟用途		材料产地		审核人签字		试验规程		

试样总质量（g）

筛孔直径（mm）	分计筛余质量（g）		分计筛余百分率（%）		累计筛余百分率（%）		平均累计筛余百分率（%）
	I	II	I	II	I	II	
1	2	3	4	5	6	7	8

级配曲线

100
90
80
70
60
50
40
30
20
10
0

细度模数 M_x	砂的分类

108

步骤三　细集料筛分试验结果计算与评定

（1）计算分计筛余百分率。各号筛的分计筛余百分率为各号筛上的筛余量占试样总量（m_1）的百分率，按式（4-1-1）计算，精确至0.1%。

$$a_i = \frac{m_i}{m} \times 100\%$$（2-1-1）

式中　a_i——某号筛的分计筛余百分率；

　　　m_i——存留在某号筛上的质量（g）；

　　　m——试样的总质量（g）。

（2）计算累计筛余百分率。各号筛的累计筛余百分率为该号筛与大于该号筛的各号筛的分计筛余百分率之和，按式（4-1-2）计算，精确至0.1%。

$$A_i = a_1 + a_2 + \cdots + a_i$$（4-1-2）

式中　A_i——累计筛余百分率，%；

　　　a_1，a_2，$\cdots$，a_i——各号筛分计筛余百分率。

（3）计算质量通过百分率。各号筛的质量通过百分率等于1减去该号筛的累计筛余百分率，按式（4-1-3）计算，精确至0.1%。

$$P_i = 1 - A_i$$（4-1-3）

式中　P_i——通过百分率；

　　　A——累计筛余百分率。

（4）根据各筛的累计筛余百分率或通过百分率，绘制级配曲线。

（5）天然砂的细度模数按式（4-1-4）计算，精确至0.01。

$$M_x = \frac{(A_{0.15} + A_{0.3} + A_{0.6} + A_{1.18} + A_{2.36}) - 5A_{4.75}}{1 - A_{4.75}}$$（4-1-4）

式中　M_x——砂的细度模数；

　　　$A_{0.15}$，$A_{0.3}$，$\cdots$，$A_{4.75}$——0.15 mm，0.3 mm，$\cdots$，4.75 mm 各筛上的累计筛余百分率。

（6）进行两次平行试验，以试验结果的算术平均值作为测定值。如两次试验所得的细度模数之差大于0.2，应重新进行试验。

知识链接

细集料筛分试验记录表填写案例，见表4-1-5。

建筑工程材料实验员　培训教程

表4-1-5　细集料筛分试验记录表填写案例

| 试验单位 | ××实验室 | | 取样地点 | ××拌和站料场 | 试验人签字 | ××× | 试验完成日期 | 2016年4月13日 |
| 初拟用途 | 拌制C30混凝土 | | 材料产地 | ××砂厂 | 审核人签字 | | 试验规程 | JTG E42—2005 |

试样总质量(g)	500	500						
筛孔直径(mm)	分计筛余质量(g)		分计筛余百分率(%)		累计筛余百分率(%)		平均累计筛余百分率(%)	
	I	II	I	II	I	II		
1	2	3	4	5	6	7	8	
4.75	1	0	0.2	0.0	0.2	0.0	0	
2.36	7	9	1.4	1.8	1.6	1.8	2	
1.18	40	40	8.0	8.0	9.6	9.8	10	
0.6	223	218	44.6	43.6	54.2	53.4	54	
0.3	197	202	39.4	40.4	93.6	93.8	94	
0.15	19	18	3.8	3.6	97.4	97.4	97	
筛底	12	12	2.4	2.4	—	—	—	

级配曲线

| 细度模数 M_x | 2.6 | 砂的分类 | 中砂 |

步骤四　细集料筛分试验验收

1. 现场整理

工作完成后，要按照 6S 的要求对现场进行整理，整理要求见表 4 – 1 – 6。

表 4 – 1 – 6　现场整理情况

名称	整理	整顿	清扫	清洁	安全
设备					
工具					
工作场地					

注解：完成的项目打√，没有完成的项目打×。

2. 技术文件整理

技术文件整理按表 4 – 1 – 7 的要求进行。

表 4 – 1 – 7　技术文件整理情况

名　称	资料所包括内容
细集料筛分试验任务单	
细集料筛分试验记录表	

3. 实习设备使用登记

实习设备使用登记情况见表 4 – 1 – 8。

表 4 – 1 – 8　实习设备使用记录表

设备使用记录表					
试验部门			试验日期		
试验名称	细集料筛分试验				
试验仪器使用情况					
序号	名　称	使用之前检查情况	使用之后复查情况	使用日期	使用者	备注

序号	名　称	使用之前检查情况	使用之后复查情况	使用日期	使用者	备注
1						
2						
3						
4						
5						

考核评价

细集料筛分试验过程考核评价见表4-1-9。

表4-1-9 细集料筛分试验考核过程评价表

学习任务四		细集料的试验	项目一		细集料的筛分试验			
班级：		姓名：	学号：		指导教师：			
评价项目	评价标准		评价依据	评价方式		权重	得分	总分
				小组评价（30%）	教师评价（70%）			
职业素质	具有团队协作精神；（6分）		1. 教学日志； 2. 课堂记录； 3. 工作现场； 4. 6S管理标准			6%		
	具有良好的心理素质和克服困难的能力；（6分）					6%		
	具有诚信、敬业、吃苦、耐劳的精神；（6分）					6%		
	具有科学、严谨、创新的工作态度；（6分）					6%		
	具备较强的安全生产意识、质量意识、标准规范意识、环保意识。（6分）					6%		
职业技能	筛分试样制备；（10分）		1. 试验任务书； 2. 试验记录表			10%		
	备筛和筛余；（15分）					15%		
	细集料的筛分试验；（30分）					30%		
	检测结果分析。（15分）					15%		

工作小结

细集料筛分试验工作小结

（1）我们完成这项学习任务后学到哪些知识、技能和素质？

_____

_____

_____

_____

_____

_____

（2）我们还有些地方做得不够好，我们要怎样继续努力改进？

_____

_____

_____

_____

_____

_____

_____

_____

 ## 项目二　　细集料表观密度试验

　　砂子是预拌混凝土的主要原材料之一，而细集料的表观密度是水泥混凝土配合比计算的重要参数之一，为水泥混凝土的施工提供重要的技术依据。

　　白银市某高速公路上有座大桥，按照设计要求，施工中必须保证外露混凝土的外观，因此保证混凝土中各原材料的质量是确保设计质量的基本要求。由于原材料缺乏，加上施工条件和强度限制，导致进场砂子的细度模数不稳定。在施工过程中，砂子时粗时细，混凝土的和易性难以保持稳定，给质量控制造成严重影响。为此，该项目部委托试验室对砂子进行常规试验，并根据试验结果来控制细集料的品质。在完成细集料的筛分实验后，试验员做细集料的表观密度试验。试验完成后，试验员需要对试验结果进行计算和评定，最后填写试验记录表交付试验室主任审核。

接受任务

试验任务单见表 4 - 2 - 1。

表 4 - 2 - 1　试验任务单

工作地点	集料实验室	工　　时	30 h	任务接受部门	实验室
下发部门		下发时间		完成时间	
工作内容					备注
（1）制备细集料表观密度的试样。 （2）进行细集料表观密度试验。 （3）进行细集料表观密度试验结果计算与评定。 （4）填写细集料表观密度试验记录表。					

（续）

序号	细集料表观密度试验的技术参数	单位
1	γ_a：砂的表观相对密度，无量纲	
2	m_0：试样的烘干质量	g
3	m_1：水及容量瓶总质量	g
4	ρ_a：砂的表观密度	g/cm³
5	ρ_w：水在4 ℃时的密度，1 000 kg/m³	kg/m³
6	α_T：试验时水温对水的密度影响的修正系数	
7	ρ_T：砂的表观密度	g/cm³

 任务实施

知识链接 认识细集料表观密度试验

一、细集料表观密度试验（容量瓶法）的目的与适用范围

用容量瓶法测定细集料（天然砂、石屑、机制砂）在23 ℃时对水的表观相对密度和表观密度。本方法适用于含有少量大于2.36 mm部分的细集料。

二、细集料表观密度试验术语与定义

（1）表观密度：指单位体积（含材料的实体矿物成分和闭口孔隙体积）物质颗粒的干质量。

（2）细集料的表观密度应大于2 500 kg/m³。

三、主要仪器介绍

（1）电子天平：称量1 kg，感量不大于1 g。

（2）容量瓶：500 mL。

（3）烘箱：能控温在105 ℃ ±5 ℃。

（4）洁净水。

（5）其他：干燥器、浅盘、铝制料勺、温度计、漏斗、滴管等。

步骤一 试验前的准备工作

（1）调平天平，即将天平平放在操作台上，观察水准气泡是否居中，如果不居中，调节天平下方的地脚螺栓，直至水准气泡居中为止。

（2）将缩分至650 g左右的试样在温度为105 ℃ ±5 ℃的烘箱中烘干至恒重，并在干燥器内冷却至室温，分成两份备用。

步骤二 细集料表现密度试验

（1）称取烘干的试样约 300 g（m_0），装入盛有半瓶洁净水的容量瓶中，如图 4-2-1 所示。

（2）摇转容量瓶，使试样在已保温至 23 ℃ ±1.7 ℃ 的水中充分搅动以排除气泡，塞紧瓶塞，在恒温条件下静置 24 h 左右，然后滴管添水，使水面与瓶颈刻度线平齐，再塞紧瓶塞，擦干瓶外水分，称其总质量（m_2），如图 4-2-2 所示。

（3）倒出瓶中的水和试样，将瓶的内外表面擦拭洁净，再向瓶内注入同样温度的洁净水（温差不超过 2 ℃）至瓶颈刻度线，塞紧瓶塞，擦干瓶外水分，称其总质量（m_1），如图 4-2-3 所示。

图 4-2-1 容量瓶装入试样　　图 4-2-2 试样溶液称重操作　　图 4-2-3 称重纯净水

（4）试验操作结束后，填写细集料表观密度试验记录表，见表 4-2-2。

表 4-2-2 细集料表观密度试验记录表

集料规格（mm）	次数	试样的烘干质量（g）	试样、水及容量瓶总质量（g）	水及容量瓶总质量（g）	表观相对密度		表观密度		备注
					测定值	平均值	测定值（g/cm³）	平均值（g/cm³）	

步骤三 细集料表观密度试验结果计算与评定

1. 细集料的表观相对密度按式（4-2-1）计算，保留小数点后 3 位。

$$r_a = \frac{m_0}{m_0 + m_1 - m_2} \tag{4-2-1}$$

式中　r_a——细集料的表观相对密度，无量纲；

m_0——试样的烘干质量（g）；

m_1——水及容量瓶总质量（g）；

m_2——试样、水及容量瓶总质量（g）。

（2）表观密度 ρ_a 按式（4-2-2）计算，精确至小数点后3位。

$$\rho_a = r_a \times \rho_T \ \text{或} \ \rho_a = (r_a - \alpha_T) \times \rho_w \qquad (4-2-2)$$

式中　ρ_a——细集料的表观密度（g/cm^3）；

　　　ρ_w——水在4℃时的密度（g/cm^3）

　　　α_T——试验时水温对水密度影响的修正系数，按表4-2-3取用；

　　　ρ_T——试验温度 T 时水的密度（g/cm^3），按表4-2-3取用。

表4-2-3　不同水温时水的密度 ρ_T 及水温修正系数 α_T

水温（℃）	15	16	17	18	19	20
水的密度（g/cm^3）	0.999 13	0.998 97	0.998 80	0.998 62	0.998 43	0.998 22
水温修正系数	0.002	0.003	0.003	0.004	0.004	0.005
水温（℃）	21	22	23	24	25	
水的密度（g/cm^3）	0.998 02	0.997 79	0.997 56	0.997 33	0.997 02	
水温修正系数	0.005	0.006	0.006	0.007	0.007	

3. 以两次平行试验结果的算术平均值作为测定值，如两次结果之差大于 0.01 g/cm^3 应重新取样进行试验。

 知识链接

细集料表观密度试验记录表填写案例，见表4-2-4。

表4-2-4　细集料表观密度试验记录表填写案例

集料规格（mm）	次数	试样的烘干质量（g）	试样、水及容量瓶总质量（g）	水及容量瓶总质量（g）	表观相对密度		表观密度		备注
					测定值	平均值	测定值（g/cm^3）	平均值（g/cm^3）	
0~4.75	1	300.0	809.7	622.3	2.664	2.666	2.658	2.659	水温23℃ 水密度 0.997 56 g/cm^3
	1	300.0	836.8	649.3	2.667		2.660		

 |注意事项|

细集料表观密度的注意事项：

（1）在砂的表观密度试验过程中应测量并控制水的温度，试验的各项称量可以在15℃~25℃温度范围内进行；

（2）从试样加水静置的最后2 h起直至试验结束，温度相差不应超过2℃。

步骤四　细集料表观密度试验验收

1. 现场整理

工作完成后，要按照6S的要求对现场进行整理，整理要求见表4-2-5。

表4－2－5　现场整理情况

名称	整理	整顿	清扫	清洁	安全
设备					
工具					
工作场地					

注解：完成的项目打√，没有完成的项目打×。

2. 技术文件整理

技术文件整理按表4－2－6的要求进行。

表4－2－6　技术文件整理情况

名　称	资料所包括内容
细集料表观密度试验任务单	
细集料表观密度试验记录表	

3. 实习设备使用登记

实习设备使用登记情况见表4－2－7。

表4－2－7　实习设备使用记录表

设备使用记录表					
试验部门			试验日期		
试验名称	细集料表观密度试验				
试验仪器使用情况					
序号	名　称	使用之前检查情况	使用之后复查情况	使用日期	使用者	备注
1						
2						
3						
4						
5						

考核评价

细集料表观密度试验过程考核评价见表4－2－8。

表4-2-8 细集料表观密度试验过程考核评价表

学习任务四	细集料的试验		项目二	细集料表观密度试验			
班级：	姓名：		学号：	指导教师：			
评价项目	评价标准	评价依据	评价方式		权重	得分	总分
			小组评价（30%）	教师评价（70%）			
职业素质	具有团队协作精神；（6分）	1. 教学日志； 2. 课堂记录； 3. 工作现场； 4. 6S管理标准			6%		
	具有良好的心理素质和克服困难的能力；（6分）				6%		
	具有诚信、敬业、吃苦、耐劳的精神；（6分）				6%		
	具有科学、严谨、创新的工作态度；（6分）				6%		
	具备较强的安全生产意识、质量意识、标准规范意识、环保意识。（6分）				6%		
职业技能	抽取细集料表观密度试验试样；（10分）	1. 试验任务单； 2. 试验记录表			10%		
	制备细集料表观密度试验的试样；（15分）				15%		
	细集料的表观密度试验；（30分）				30%		
	检测结果分析。（15分）				15%		

| 工作小结 |

细集料表观密度试验工作小结

（1）我们完成这项学习任务后学到哪些知识、技能和素质？

_____

_____

_____

_____

_____

_____

（2）我们还有些地方做得不够好，我们要怎样继续努力改进？

项目三　细集料堆积密度及紧装密度试验

　　砂子是预拌混凝土的主要原材料之一，而细集料的堆积密度和紧装密度是细集料进场常规试验项目中的必试项目之一，为水泥混凝土和砂浆的施工提供重要的技术依据。白银市某高速公路上有座大桥，按照设计要求，施工中必须保证外露混凝土的外观，因此保证混凝土中各原材料的质量是确保设计质量的基本要求。由于原材料缺乏，加上施工条件限制，导致进场砂子的细度模数不稳定。在施工过程中，砂子时粗时细，混凝土的和易性难以保持稳定，给质量控制造成严重影响。为此，该项目部委托试验室对砂子进行常规试验，并根据试验结果控制细集料的品质。现在完成细集料的表观密度试验后，试验员做细集料堆积密度和紧密度试验，试验完成后，试验员需要对试验结果进行计算和评定，最后填写试验记录表交付试验室主任审核。

接受任务

　　试验任务单见表4-3-1。

表4-3-1　试验任务单

工作地点	集料实验室	工　时	30 h	任务接受部门	实验室
下发部门		下发时间		完成时间	

工作内容					备注

（1）准备细集料堆积密度及紧装密度试验的试样及工具；
（2）进行细集料堆积密度试验；
（3）进行细集料紧装密度试验；
（4）进行细集料堆积密度及紧装密度试验结果计算与评定；
（5）填写细集料堆积密度及紧装密度试验记录表。

序号	细集料堆积密度及紧装密度试验的技术参数	单位
1	V：容量筒的容积	mL
2	m_0：容量筒的质量	g
3	m_1：容量筒和堆积砂的总质量	g
4	m_2：容量筒和紧装砂的总质量	g
5	ρ：砂的堆积密度	g/cm³
6	ρ'：砂的紧装密度	g/cm³

 | 任务实施 |

知识链接　认识细集料堆积密度及紧装密度试验

一、细集料堆积密度及紧装密度试验的目的与适用范围

测定砂自然状态下的堆积密度、紧装密度及空隙率。

二、主要仪器介绍

（1）电子天平：称量5 kg，感量5 g。
（2）容量筒：金属制，圆筒形，内径108 mm，净高109 mm，筒壁厚2 mm，筒底厚5 mm，容积约为1 L。
（3）标准漏斗。
（4）烘箱：能控温度在105 ℃ ±5 ℃。

步骤一　试验前的准备工作

（1）调平天平：将天平平放在操作台上，观察水准气泡是否居中，如果不居中，调节天平下方的地脚螺栓，直至水准气泡居中为止。

（2）试样制备：用浅盘装约 5 kg 试样，在温度为 105 ℃ ±5 ℃ 的烘箱中烘干至恒重，取出冷却至室温，分成大致相等的两份备用。

步骤二　容量筒容积的校正

以温度为 20 ℃ ±5 ℃ 的洁净水装满容量筒，用玻璃板沿筒口滑移，使其紧贴水面，玻璃板与水面之间不得有空隙。擦干筒外壁水分，然后称量，用式（4 – 3 – 1）计算筒的容积 V。

$$V = m_2' - m_1' \tag{4 – 3 – 1}$$

式中　V——容量筒的体积（mL）；

　　　m_1'——容量筒和玻璃板总质量（g）；

　　　m_2'——容量筒、玻璃板和水总质量（g）。

步骤三　细集料堆积密度及紧装密度试验

（1）堆积密度：将试样装入漏斗中，打开底部的活动门，使砂流入容量筒中；也可直接用小勺向容量筒中装试样，但漏斗出料口或料勺距离容量筒筒口均应为 50 mm 左右，试样装满并超出容量筒筒口，再用直尺将多余的试样沿筒口中心线向相反方向刮平，称取质量（m_1），如图 4 – 3 – 1 所示。

（2）紧装密度：取试样一份，分两层装入容量筒。装完一层后，在筒底垫放一根直径为 10 mm 钢筋，将筒按住，左右交替摇动底面各 25 次，共 50 次，然后再装入第二层。第二层装满后用同样方法颠实（但筒底所垫钢筋的方向应与第一层放置方向垂直）。两层装完并颠实后，添加试样超出容量筒筒口，然后用直尺将多余的试样沿筒口中心线向两个反向刮平，称其质量（m_2），如图 4 – 3 – 2 所示。

图 4 – 3 – 1　堆积密度试验

图 4 – 3 – 2　紧装密度试验

（3）试验操作结束后，填写细集料堆积密度及紧装密度试验记录表，见表 4 – 3 – 4。

表4 -3 -2 细集料堆积密度及紧装密度试验记录表

集料规格（mm）	试验次数	容量筒的体积（mL）	容量筒的质量（g）	试样与容量筒质量（g）	试样质量（g）	堆积密度		试样的表观密度（g/cm³）	空隙率（%）	备注
						测定值（g/cm³）	平均值（g/cm³）			
0 ~ 4.75										

集料规格（mm）	试验次数	容量筒的体积（mL）	容量筒的质量（g）	试样与容量筒质量（g）	试样质量（g）	紧装密度		试样的表观密度（g/cm³）	空隙率（%）	备注
						测定值（g/cm³）	平均值（g/cm³）			
0 ~ 4.75										

步骤四　细集料堆积密度及紧装密度试验结果计算与评定

（1）堆积密度及紧装密度分别按式（4 –3 –2）、式（4 –3 –3）计算，保留小数点后3位。

$$\rho = \frac{m_1 - m_0}{V} \qquad\qquad (4 - 3 - 2)$$

$$\rho' = \frac{m_2 - m_0}{V} \qquad\qquad (4 - 3 - 3)$$

式中　ρ——砂的堆积密度（g/cm³）；

ρ'——砂的紧装密度（g/cm³）；

m_0——容量筒的质量（g）；

m_1——容量筒和堆积砂的总质量（g）；

m_2——容量筒和紧装砂的总质量（g）；

V——容量筒容积（mL）。

（2）砂的空隙率按式（4 –3 –4）计算，精确至0.1%。

$$n = \left(1 - \frac{\rho}{\rho_a}\right) \times 100\% \qquad\qquad (4 - 3 - 4)$$

式中　n——砂的空隙率；

ρ——砂的堆积密度或紧装密度（g/cm³）；

ρ_a——砂的表观密度（g/cm³）。

（3）以两次平行试验结果的算术平均值作为测定值。

知识链接

细集料堆积密度及紧装密度试验记录表填写案例，见表4 –3 –3。

表4-3-3　细集料堆积密度及紧装密度试验记录表填写案例

集料规格（mm）	试验次数	容量筒的体积（mL）	容量筒的质量（g）	试样与容量筒质量（g）	试样质量（g）	堆积密度		试样的表观密度（g/cm³）	空隙率（%）	备注
						测定值（g/cm³）	平均值（g/cm³）			
0~4.75	1	1 000	448.2	1 963.2	1 515.0	1.515	1.515	2.633	42.5	—
	2	1 000	448.2	1 963.0	1 514.8	1.515				

集料规格（mm）	试验次数	容量筒的体积（mL）	容量筒的质量（g）	试样与容量筒质量（g）	试样质量（g）	紧装密度		试样的表观密度（g/cm³）	空隙率（%）	备注
						测定值（g/cm³）	平均值（g/cm³）			
0~4.75	1	1 000	448.2	2 146.6	1 698.4	1.698	1.699	2.633	35.5	—
	2	1 000	448.2	2 147.8	1 699.6	1.700				

💡 | 注意事项 |

细集料堆积密度及紧装密度试验的注意事项：

（1）试样烘干后如有结块，应在试验前先捏碎；

（2）颠击要左右各25次，且两次的钢筋方向要垂直；

（3）颠击两次要垂直放置10 mm 的钢筋。

步骤五　细集料堆积密度及紧装密度试验验收

1. 现场整理

工作完成了后，要按照6S 的要求对现场进行整理，整理要求见表4-3-4。

表4-3-4　现场整理情况

名称	整理	整顿	清扫	清洁	安全
设备					
工具					
工作场地					

注解： 完成的项目打√，没有完成的项目打×。

2. 技术文件整理

技术文件整理按表4-3-5 的要求进行。

表 4 - 3 - 5　技术文件整理情况

名　称	资料所包括内容
细集料堆积密度及紧装密度试验任务单	
细集料堆积密度及紧装密度试验记录表	

3. 实习设备使用登记

实习设备使用登记情况见表 4 - 3 - 6。

表 4 - 3 - 6　实习设备使用记录表

设备使用记录表					
试验部门			试验日期		
试验名称	细集料堆积密度及紧装密度试验				
试验仪器使用情况					
序号	名　称	使用之前检查情况	使用之后复查情况	使用日期	使用者	备注
1						
2						
3						
4						
5						
6						

考核评价

细集料堆积密度及紧装密度试验过程考核评价见表 4 - 3 - 7。

表 4 - 3 - 7　细集料堆积密度及紧装密度试验考核评价表

学习任务四	细集料的试验		项目三	细集料堆积密度及紧装密度试验			
班级：		姓名：	学号：		指导教师：		
评价项目	评价标准	评价依据	评价方式		权重	得分	总分
			小组评价（30%）	教师评价（70%）			
职业素质	具有团队协作精神；（6分）	1. 教学日志；2. 课堂记录；			6%		
	具有良好的心理素质和克服困难的能力；（6分）				6%		

（续）

评价项目	评价标准	评价依据	评价方式		权重	得分	总分
			小组评价（30%）	教师评价（70%）			
职业素质	具有诚信、敬业、吃苦、耐劳的精神；（6分）	3. 工作现场； 4. 6S 管理标准			6%		
	具有科学、严谨、创新的工作态度；（6分）				6%		
	具备较强的安全生产意识、质量意识、标准规范意识、环保意识。（6分）				6%		
职业技能	试验仪具的使用方法和细集料的振实操作；（10分）	1. 试验记录表； 2. 试验报告			10%		
	细集料堆积密度试验；（20分）				25%		
	细集料紧装密度试验；（25分）				20%		
	检测结果分析。（15分）				15%		

 工作小结

细集料堆积密度及紧装密度试验工作小结

（1）我们完成这项学习任务后学到哪些知识、技能和素质？

_____

_____

_____

_____

_____

_____

_____

_____

_____

（2）我们还有些地方做得不够好，我们要怎样继续努力改进？

_____

_____

_____

_____

_____

_____

_____

_____

项目四　细集料含泥量和泥块含量试验

　　细集料中泥土杂物对细集料的使用性能有很大的影响，当水分进入混合料内部时，泥土和泥块遇水会软化，影响混凝土的安定性。细集料中含泥量和泥块含量如果过高的话，会导致混凝土干燥收缩、潮湿膨胀，影响混凝土的强度和耐久性。

　　白银市某高速公路上有座大桥，按照设计要求，施工中必须保证外露混凝土的外观，因此保证混凝土中各原材料的质量是确保设计质量的基本要求。由于原材料缺乏，加上施工条件限制，导致进场砂子的细度模数不稳定。在施工过程中，砂子时粗时细，混凝土的和易性难以保持稳定，给质量控制造成严重影响。为此，该项目部委托试验室对砂子进行筛分试验，并根据试验结果计算砂的细度模数。消除了施工过程中砂子细度模数不稳定对混凝土的影响。试验完成后，试验员需要对试验结果进行计算和评定，最后填写试验记录表交付试验室主任审核。

接受任务

　　试验任务单见表 4 -4 -1。

表 4 -4 -1　试验任务单

工作地点	集料实验室	工　　时	30 h	任务接受部门	实验室
下发部门		下发时间		完成时间	
工作内容					备注
（1）制备细集料含泥量和泥块含量试验的试样。 （2）进行细集料含泥量试验。 （3）进行细集料泥块含量试验。 （3）进行细集料含泥量和泥块含量试验结果计算与评定。 （4）填写细集料含泥量和泥块含量试验记录表。					

（续）

序号	细集料含泥量和泥块含量试验的技术参数	单位
1	Q_n：砂的含泥量	%
2	m_0：试验前的烘干试样质量	g
3	m_1：试验后的烘干试样质量	g
4	Q_k：砂中大于 1.18 mm 的泥块含量	%
5	m_2：试验前存留于 1.18 mm 筛上的烘干试样量	g
6	m_3：试验后的烘干试样质量	g

 任务实施

 知识链接　认识细集料含泥量和泥块含量试验

一、细集料含泥量和泥块含量试验的试验目的与适用范围

（1）本方法仅适用于测定天然砂中粒径小于 0.075 mm 的尘屑、淤泥和黏土的含量。

（2）本方法不适用于人工砂、石屑等矿粉成分较多的细集料。

二、细集料含泥量和泥块含量试验术语及定义

（1）含泥量：细集料中粒径小于 0.075 mm 的尘屑、淤泥和黏土的含量。

（2）泥块含量：指原粒径大于 1.18 mm，经水浸、手捏后小于 0.6 mm 的颗粒含量。

三、主要仪器介绍

（1）电子天平：称量 1 kg，感量不大于 1 g。

（2）烘箱：能控温在 105 ℃ ±5 ℃。

（3）标准筛：孔径 0.075 mm 及 1.18 mm 的方孔筛。

（4）其他：筒、浅盘等。

步骤一　试验准备

（1）调平天平：将天平平放在操作台上，观察水准气泡是否居中，如果不居中，调节天平下方的地脚螺栓，直至水准气泡居中为止。

（2）制备含泥量试验的试样：将来样用四分法缩分至每份约 1 000 g，置于温度为 105 ℃ ±5 ℃ 的烘箱中烘干至恒重，冷却至室温后，称取约 400 g（m_0）的试样两份备用。

（3）制备泥块含量试验的试样：将来样用分料器或四分法缩分至每份约 2 500 g，置于温度为 105 ℃ ±5 ℃ 的烘箱中烘干至恒重，冷却至室温后，用 1.18 mm 筛筛分，取筛上的砂约 400 g，分为两份备用。

步骤二　细集料含泥量试验

（1）取烘干的试样一份置于筒中，并注入洁净的水使水面高出砂面约 200 mm，充分拌和均匀后，浸泡 24 h，然后用手在水中淘洗试样，使尘屑、淤泥和黏土与砂粒分离，并使之悬浮水中，缓缓地将浑浊液倒入 1.18 mm 与 0.075 mm 的套筛上，滤去小于 0.075 mm 的颗粒。试验前筛子的两面应先用水湿润，在整个试验过程中应注意避免砂粒丢失，如图 4-4-1（a）所示。

（2）再次往筒中加水，重复上述过程，直至筒内砂样洗出的水清澈为止，如图 4-4-1（b）所示。

（3）用水冲洗留在筛上的细砂粒，并将 0.075 mm 筛放在水中（使水面略高出筛中砂粒的上表面）来回摇动，以充分洗除小于 0.075 mm 的颗粒；然后将两筛上筛余的颗粒和筒中已经洗净的试样一并装入浅盘，置于温度为 105 ℃ ±5 ℃ 的烘箱中烘干至恒重，冷却至室温，称取试样的质量（m_1），如图 4-4-1（c）所示。

 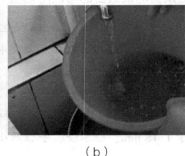 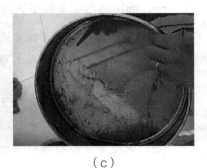

（a）　　　　　　　　　　　（b）　　　　　　　　　　　（c）

图 4-4-1　细集料含泥量试验

（4）试验操作结束后，填写细集料含泥量试验记录表，见表 4-4-2。

表 4-4-2　细集料含泥量试验记录表

规格（mm）	次数	试验前的烘干试样质量（g）	试验后的烘干试样质量（g）	含泥量		备注
				测定值（%）	平均值（%）	
0~4.75	1					
	2					

步骤三　细集料泥块含量试验

（1）取烘干的试样一份 200 g（m_2）置于容器中，并注入洁净的水，使水面高出砂面约 200 mm，充分拌和均匀后，浸泡 24 h，然后用手在水中捻碎泥块，再把试样放在 0.6 mm 的套筛上，用水淘洗至水清澈为止，如图 4-4-2（a）所示。

（2）筛余下来的试样应小心地从筛里取出，并在 105 ℃ ±5 ℃ 的烘箱中烘干至恒重，

冷却至室温后称量（m_3），如图4－4－2（b）所示

 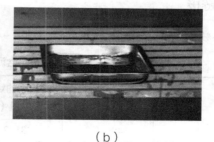

（a）　　　　　　　　　　　（b）

图4－4－2　细集料泥块含量试验

（3）试验操作结束后，填写细集料泥块含量试验记录表，见表4－4－3。

表4－4－3　细集料泥块含量试验记录表

规格（mm）	次数	试验前的烘干试样质量（g）	试验后的烘干试样质量（g）	泥块含量		备注
				测定值（%）	平均值（%）	
0~4.75	1					
	2					

步骤四　细集料含泥量和泥块含量试验结果计算与评定

（1）砂的含泥量按式（4－4－1）计算，精确至0.1%。

$$Q_n = \frac{m_0 - m_1}{m_0} \times 100\% \qquad (4-4-1)$$

式中　Q_n——砂的含泥量；

m_0——试验前的烘干试样质量（g）；

m_1——试验后的烘干试样质量（g）。

（2）以两个试样试验结果的算术平均值作为测定值。两次结果的差值超过0.5%时，应重新取样进行试验。

（3）砂中的泥块含量按（4－4－2）计算，精确至0.1%。

$$Q_k = \frac{m_2 - m_3}{m_2} \times 100\% \qquad (4-4-2)$$

式中　Q_k——砂中大于1.18 mm的泥块含量；

m_2——试验前存留于1.18 mm筛上的烘干试样量（g）

m_3——试验后烘干试样量（g）。

（4）取两次平行试验结果的算术平均值作为测定值，两次结果的差值如超过0.4%，应重新取样进行试验。

知识链接

1. 细集料含泥量试验记录表填写案例，见表4-4-4。

表4-4-4 细集料含泥量试验记录表填写案例

规格（mm）	次数	试验前的烘干试样质量（g）	试验后的烘干试样质量（g）	含泥量		备注
				测定值（%）	平均值（%）	
0~4.75	1	400.0	381.2	4.7	4.6	—
	2	400.0	382.1	4.6		

2. 细集料泥块含量试验记录表填写案例，见表4-4-5。

表4-4-5 细集料泥块含量试验记录表填写案例

规格（mm）	次数	试验前的烘干试样质量（g）	试验后的烘干试样质量（g）	泥块含量		备注
				测定值（%）	平均值（%）	
0~4.75	1	200.0	198.0	1.0	1.1	—
	2	200.0	197.6	1.2		

注意事项

细集料含泥量和泥块含量试验的注意事项：

不得将试样直接放在0.075 mm筛上用水冲洗，或者将试样放在0.075 mm筛上后在水中淘洗，以免误将小于0.075 mm的砂颗粒当作泥冲走。

步骤五 细集料含泥量和泥块含量试验验收

1. 现场整理

工作完成后，要按照6S的要求对现场进行整理，整理要求见表4-4-6。

表4-4-6 现场整理情况

名称	整理	整顿	清扫	清洁	安全
设备					
工具					
工作场地					

注解：完成的项目打√，没有完成的项目打×。

2. 技术文件整理

技术文件整理按表4-4-7的要求进行。

表 4 -4 -7　技术文件整理情况

名　称	资料所包括内容
细集料含泥量和泥块含量试验任务单	
细集料含泥量和泥块含量试验记录表	

3. 实习设备使用登记

实习设备使用登记情况见表 4 - 4 - 8。

表 4 -4 -8　实习设备使用记录表

设备使用记录表					
试验部门			试验日期		
试验名称	细集料含泥量和泥块含量试验				
试验仪器使用情况					
序号	名　称	使用之前检查情况	使用之后复查情况	使用日期	使用者	备注
1						
2						
3						
4						
5						

🌐━　| 考核评价 |

细集料含泥量和泥块含量试验过程考核评价见表 4 - 4 - 9。

表 4 -4 -9　细集料含泥量和泥块含量试验过程考核评价表

学习任务四	细集料的试验		项目四	细集料含泥量和泥块含量试验			
班级：　　　　　　姓名：　　　　　　　学号：　　　　　　　指导教师：							
评价项目	评价标准	评价依据	评价方式		权重	得分	总分
			小组评价（30%）	教师评价（70%）			
职业素质	具有团队协作精神；（6分）	1. 教学日志； 2. 课堂记录；			6%		
	具有良好的心理素质和克服困难的能力；（6分）				6%		
	具有诚信、敬业、吃苦、耐劳的精神；（6分）				6%		

（续）

评价项目	评价标准	评价依据	评价方式		权重	得分	总分
			小组评价（30%）	教师评价（70%）			
职业素质	具有科学、严谨、创新的工作态度；（6分）	3. 工作现场； 4. 6S管理标准			6%		
	具备较强的安全生产意识、质量意识、标准规范意识、环保意识。（6分）				6%		
职业技能	含泥量和泥块含量试样制备；（10分）	1. 试验记录表； 2. 试验报告			10%		
	细集料含泥量试验；（25分）				25%		
	细集料泥块含量试验；（20分）				20%		
	检测结果分析。（15分）				15%		

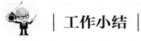 | **工作小结** |

细集料含泥量和泥块含量试验工作小结

（1）我们完成这项学习任务后学到哪些知识、技能和素质？

_____

_____

_____

_____

_____

_____

_____

_____

（2）我们还有些地方做得不够好，我们要怎样继续努力改进？

_____

_____

_____

_____

项目五　细集料的压碎值试验

　　细集料的压碎值试验是检测细集料在连续增加的荷载下抵抗压碎的能力，而细集料在水泥混凝土中起填充作用，细集料压碎值的大小直接影响细集料的品质。
白银市有一家规模较小的商品混凝土搅拌站，对砂石原材料的质量把关非常不严，没有专业的实验员，只有一个收料的人员，仅凭眼睛细粗看看，一些检测试验，如泥粉含量、细度、压碎值、针片状含量试验基本不做，就更别提砂、石骨料的级配筛分试验了。这些问题导致的结果就是预拌混凝土料经常和易性差，工地施工困难，28 d 强度太低，成本太高，面临被行业淘汰出局的窘境。后来聘请专业总工后，重点解决了砂石骨料的劣质问题后经营状况才好转。该商品混凝土拌和站新进场一批砂子，现委托实验室对该批砂子进行常规试验项目的检测。实验室主任把细集料压碎值试验交给实验员，试验完成后，实验员需要对试验结果进行计算和评定，最后填写试验记录表，并交付实验室主任审核。

　　接受任务

试验任务单见表 4 - 6 - 1。

表 4 - 5 - 1　试验任务单

工作地点	集料实验室	工　　时	30 h	任务接受部门	实验室
下发部门		下发时间		完成时间	

工作内容	备注
（1）取样，制备细集料压碎值试验的试样。 （2）进行细集料压碎值试验。 （3）进行细集料压碎值试验结果计算与评定。 （4）填写细集料压碎值试验记录表。	

序号	细集料压碎值试验的技术参数	单位
1	Y_i：第 i 粒级细集料的压碎指标值	%
2	m_1：试样的筛余量	g
3	m_2：试样的通过量	g

| **任务实施** |

 知识链接 认识细集料压碎值试验

一、细集料压碎值试验的目的与适用范围

细集料的压碎指标用于衡量细集料在逐渐增加的荷载下抵抗压碎的能力，以评定其在公路工程中的适用性。

二、主要仪器介绍

（1）压力机：量程 50 kN～1 000 kN，示值相对误差 2%，应能保持 1 kN/s 的加荷速率。

（2）天平：感量不大于 1 g。

（3）标准筛。

（4）细集料压碎指标试模：由两端开口的钢制圆形试筒、加压块和底板组成，压头直径 75 mm，金属筒试模内径 77 mm，试模深 70 mm，如图 4－5－1 所示。试筒内壁、加压头的底面及底板的上表面等与石料接触的表面都应进行热处理硬化，并保持光滑状态。

（5）金属捣棒：直径 10 mm，长 500 mm，一端加工成半球形。

图 4－5－1　细集料
压碎指标试模

步骤一　试验前的准备

（1）采用风干的细集料样品，在温度 105 ℃±5 ℃的烘箱中烘干至恒重，通常不超过 4 h，取出冷却至室温；后用 4.75 mm、2.36 mm、…、0.3 mm 各档标准筛过筛，去除大于 4.75 mm 部分，分成 2.36～4.75 mm、1.18～2.36 mm、0.6～1.18 mm、0.3～0.3 mm 4 组试样，各组取 1 000 g 备用。

（2）称取单粒级试样 330 g，并精确至 1 g，再将试样倒入已组装成的试样钢模中，使试样距底盘面的高度约为 50 mm。整平钢模内试样表面，将加压头放入钢模内，并转动 1 周，使其与试样均匀接触。

步骤二　细集料的压碎值试验

（1）将装有试样的试模放到压力机上，注意使压头摆平，对中压板中心，如图 4－5－1 所示。

（2）开动压力机，均匀地施加荷载，以 500 N/s 的速率加压至 25 kN，稳压 5 s，以同样的速率卸荷。

（3）将试模从压力机上取下，并取出试样，以该粒组的下限筛孔过筛（如对 2.36 ~ 4.75 mm 以 2.36 mm 标准筛过筛），如图 4-5-2 所示。称取试样的筛余量（m_1）和通过量（m_2），准确至 1 g。

图 4-5-2　压力机上放置试模　　　　　图 4-5-3　试样过筛

（4）试验操作结束后，填写细集料压碎值试验记录表，见表 4-5-2。

表 4-5-2 细集料压碎值试验记录表

粒级（mm）	试验次数	试样试验前质量（g）	试样的筛余量（g）	压碎指标值（%）	平均值（%）	分计筛余百分率（%）
2.36 ~ 4.75	1					
	2					
	3					
1.18 ~ 2.36	1					
	2					
	3					
0.6 ~ 1.18	1					
	2					
	3					
0.3 ~ 0.6	1					
	2					
	3					
压碎值指标（%）						
备注：						

步骤三　细集料的压碎值试验结果计算与评定

（1）石料压碎值按式（4-5-1）计算，精确至0.1%。

$$Q'_a = \frac{m_1}{m_0} \times 100\% \tag{4-5-1}$$

式中　Q'_a——石料压碎值；

　　　m_0——试验前试样质量（g）；

　　　m_1——试验后通过2.36 mm筛孔的细料质量（g）。

（2）以3个试样平行试验结果的算术平均值作为压碎值的测定值。

知识链接

细集料压碎值试验记录表填写案例，见表4-5-3。

表4-5-3　细集料压碎值试验记录表填写案例

粒级（mm）	试验次数	试样试验前质量（g）	试样的筛余量（g）	压碎指标值（%）	平均值（%）	分计筛余百分率（%）
2.36~4.75	1	330.0	289.6	12.2	13.2	35.8
	2	330.0	286.7	13.1		
	3	330.0	283.2	14.2		
1.18~2.36	1	330.0	295.4	10.5	11.3	32.4
	2	330.0	290.3	12.0		
	3	330.0	292.2	11.5		
0.6~1.18	1	330.0	291.1	11.8	11.9	24.2
	2	330.0	286.6	13.2		
	3	330.0	294.2	10.8		
0.3~0.6	1	330.0	278.4	15.6	16.4	7.7
	2	330.0	275.6	16.5		
	3	330.0	273.7	17.1		
压碎值指标（%）			12.5			
备注：						

 |注意事项|

细集料压碎值试验的注意事项：

（1）压柱放入试筒内试样面上，注意使压柱摆平，勿使压柱楔挤筒壁；

（2）将筒内试样取出时，注意勿进一步压碎试样。

步骤四 细集料压碎值试验验收

1. 现场整理

工作完成后，要按照6S的要求对现场进行整理，整理要求见表4-5-4。

表4-5-4 现场整理情况

名称	整理	整顿	清扫	清洁	安全
设备					
工具					
工作场地					

注解：完成的项目打√，没有完成的项目打×。

2. 技术文件整理

技术文件整理按表4-5-5的要求进行。

表4-5-5 技术文件整理情况

名 称	资料所包括内容
细集料压碎值试验任务单	
细集料压碎值试验记录表	

3. 实习设备使用登记

实习设备使用登记情况见表4-5-6。

表4-5-6 实习设备使用记录表

设备使用记录表					
试验部门			试验日期		
试验名称	细集料压碎值试验				
试验仪器使用情况					
序号	名 称	使用之前检查情况	使用之后复查情况	使用日期	使用者	备注
1						
2						
3						
4						
5						
6						

考核评价

细集料压碎值试验过程考核评价见表 4 - 5 - 7。

表 4 - 5 - 7　细集料压碎值试验考核过程评价表

学习任务四	细集料的试验		项目五	细集料的压碎值试验			
班级：　　　　姓名：　　　　　　学号：　　　　　　　指导教师：							
评价项目	评价标准	评价依据	评价方式		权重	得分	总分
			小组评价（30%）	教师评价（70%）			
职业素质	具有团队协作精神；（6 分）	1. 教学日志； 2. 课堂记录； 3. 工作现场； 4. 6S 管理标准			6%		
	具有良好的心理素质和克服困难的能力；（6 分）				6%		
	具有诚信、敬业、吃苦、耐劳的精神；（6 分）				6%		
	具有科学、严谨、创新的工作态度；（6 分）				6%		
	具备较强的安全生产意识、质量意识、标准规范意识、环保意识。（6 分）				6%		
职业技能	压碎值试样制备；（10 分）	1. 试验任务单； 2. 试验记录表			10%		
	压碎值仪的装模操作；（15 分）				15%		
	细集料的压碎值试验；（30 分）				30%		
	检测结果分析。（15 分）				15%		

工作小结

细集料压碎值试验工作小结

（1）我们完成这项学习任务后学到哪些知识、技能和素质？

_____

_____

_____

_____

_____

_____

（2）我们还有些地方做得不够好，我们要怎样继续努力改进？

学习任务五

粗集料的试验

05

一、概述

在水泥混凝土中，粗集料是指粒径大于 4.75 mm 的碎石、卵石；在沥青混合料中，粗集料是指粒径大于 2.36 mm 的碎石、卵石，如图 5-1 所示。

碎石　　　　　　　　　　　　卵石

图 5-1　粗集料的种类

二、粗集料的分类及特点

混凝土用粗集料一般有两种，一种是碎石，另一种是卵石。

碎石指的是符合工程要求的岩石，经开采并按一定尺寸加工而成的有棱角的粒料。一般混凝土使用 5~25 mm 粒径的碎石。5~10 mm 粒径的碎石俗称瓜子片；10~20 mm 粒径的碎石俗称 1-2（读作 yao er）石子，10~30 mm 粒径的碎石俗称 1-3（读作 yao san）石子。在相同条件下，碎石混凝土比卵石混凝土的强度约高 10%。

卵石可用于要求坍落度和流动性较大的混凝土，如水下混凝土中。另外，决定用卵石还是碎石，主要看当地的材料供应情况和价格差异，如果当地盛产卵石，完全可以用卵石生产混凝土。

粗集料是混凝土的重要组成材料，粗集料的质量检验是很重要的一个环节。粗集料检验质量的优劣直接影响到水泥混凝土建筑结构的安全性。

项目一　粗集料的筛分试验

某城市有一家很小的搅拌站，对砂石原材料的质量把关非常不严，没有专业的实验员，只有一个收料人员，凭眼睛粗略查看，一些检测试验，如泥粉含量、细度、压碎值、针片状含量试验基本不做，更别提砂、石骨料的级配筛分试验了。这些问题导致的结果就是预拌混凝土料经常和易性差，工地施工困难，28 d 强度太低，成本太高，面临被行业淘汰出局的窘境。后来聘请专业技术员后，重点解决了砂、石骨料的劣质问题后，状况才好转。撇开生产控制、精细化管理等因素，单是对骨料的级配优化控制就非常重要，而这就是所谓的商业机密了。

粗集料是预拌混凝土的主要原材料之一，其质量对混凝土强度有决定性作用，在其他指标相同的条件下，碎石的级配良好，混凝土的强度越大。

为此，该混凝土拌和站委托实验室对碎石进行筛分试验，并根据试验结果计算碎石的级配参数，再绘制级配曲线图，消除施工过程中碎石级配的不稳定对混凝土的影响。试验完成后，实验员需要对试验结果进行计算和评定，最后填写试验记录表，并交付实验室主任审核。

 | 接受任务 |

试验任务单见表 5 – 1 – 1。

表 5 – 1 – 1　试验任务单

工作地点	集料实验室	工　时	30 h	任务接受部门	实验室
下发部门		下发时间		完成时间	

工作内容	备注
（1）取样，制备粗集料筛分试验的试样。 （2）进行粗集料筛分试验。 （3）进行粗集料筛分试验结果计算与评定。 （4）填写粗集料筛分试验记录表。	

序号	粗集料筛分试验的技术参数	单位
1	P_i'：各号筛上的分计筛余百分率	%
2	m_5：由于筛分造成的损耗量	g
3	m_0：用于干筛的干燥集料总质量	g
4	m_i：各号筛上的分计筛余量	g

 | 任务实施 |

 知识链接　认识粗集料的筛分试验

一、粗集料筛分试验的目的与适用范围

（1）测定粗集料（碎石、砾石、矿渣等）的颗粒组成。对水泥混凝土用粗集料可采用干筛法筛分，对沥青混合料及基层用粗集料必须采用水洗法试验。

（2）本方法也适用于同时含有粗集料、细集料、矿粉的集料混合料筛分试验，如未筛碎石、级配碎石、天然砂砾、级配砂粒、无机结合料、稳定基层材料、沥青拌和楼的冷料混合料、热料仓材料、沥青混合料经溶剂抽提后的矿料等。

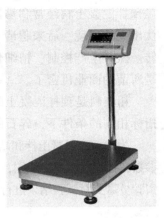

二、主要仪器介绍

（1）试验筛：根据需要选用规定的标准筛。

（2）摇筛机。

（3）天平或台秤：感量不大于试样质量的 0.1%，如图 5-1-1 所示。

（4）其他：盘子、铲子、毛刷等。

图 5-1-1　电子磅秤

步骤一　试验前的准备工作

1. 试样准备

按规定将来料用分料器或四分法缩分至表 5-1-2 要求的试样所需量，风干后备用。根据需要可按要求的集料最大粒径的筛孔尺寸过筛，除去超粒径部分颗粒后，再进行筛分。

表 5-1-2　筛分用的试样质量

公称最大粒径（mm）	75	63	37.5	31.5	26.5	19	16	9.5	4.75
试样质量不少于（kg）	10	8	5	4	2.5	2	1	1	0.5

2. 仪器准备

（1）检查所用的试验检测仪器（电子天平、套筛、振筛机等），仪器功能应正常。

（2）调平天平：检查水准气泡是否居中，如果不居中，调节天平下方的地脚螺栓，直至水准气泡居中为止。

步骤二　粗集料筛分试验

（1）取试样一份置于温度 105 ℃ ±5 ℃的烘箱中烘干至恒重，称取干燥集料试样的总质量（m_0），精确至 0.1%，如图 5-1-2 所示。

（2）用搪瓷盘作筛分容器，按筛孔大小排列顺序逐个将集料过筛，如图 5-1-3 所示。人工筛分时，需使集料在筛面上同时有水平和上下方向的不停顿的运动，使小于筛孔的集料通过筛孔，直至 1 min 内通过筛孔的质量小于筛上残余量的 0.1% 为止；当采用摇筛机筛分时，应在摇筛机筛分后再逐个由人工补筛。将筛出通过的颗粒并入下一号筛，并和下一号筛中的试样一起过筛，顺序进行，直至各号筛全部筛完为止。应确认 1 min 内通过筛孔的质量确实小于筛上残余量的 0.1%。

图 5-1-2　试样烘干

图 5-1-3　试样过筛

（3）如果某个筛上的集料过多，影响筛分作业，可以分两次筛分，如图 5-1-4 所示。当筛余颗粒的粒径大于 19 mm 时，筛分过程中允许用手指轻轻拨动颗粒，但不得逐颗塞过筛孔。

（4）称取各筛上的筛余量，精确至总质量的 0.1%。各筛分计筛余量及筛底存量的总和与筛分前试样的干燥总质量 m_0 相比，相差不得超过 m_0 的 0.5%，如图 5-1-5 所示。

图 5-1-4　筛分操作

图 5-1-5　称取筛余量

（5）试验操作结束后，填写粗集料筛分试验记录表，见表 5-1-3。

表 5-1-3　粗集料筛分试验记录表

干燥试样总质量 m_0（g）	第 1 组				第 2 组				平均
	3 000				3 000				
筛孔尺寸（mm）	筛上质量 m_i（g）	分计筛余百分率（%）	累计筛余百分率（%）	通过百分率（%）	筛上质量 m_i（g）	分计筛余百分率（%）	累计筛余百分率（%）	通过百分率（%）	通过百分率（%）
	(1)	(2)	(3)	(4)	(1)	(2)	(3)	(4)	(5)
水洗后干筛法筛分									

（续）

筛孔尺寸 （mm）		筛上 质量 m_i（g）	分计筛余 百分率 （%）	累计筛余 百分率 （%）	通过 百分率 （%）	筛上 质量 m_i（g）	分计筛余 百分率 （%）	累计筛余 百分率 （%）	通过 百分率 （%）	通过 百分率 （%）
		（1）	（2）	（3）	（4）	（1）	（2）	（3）	（4）	（5）
水洗后干筛法筛分										
	筛底 $m_底$									
	干筛后总质量 $\sum m_i$（g）									
损耗量 m_5（g）										
损耗率（%）										

步骤三　粗集料筛分试验结果计算与评定

（1）按式（5-1-1）计算各筛分计筛余量及筛底存量的总和与筛分前试样的干燥总质量 m_0 之差，作为筛分时的损耗，并计算损耗率，记入表 5-1-3 第（1）栏，若损耗率大于 0.3%，应重新进行试验。

$$m_5 = m_0 - \left(\sum m_i + m_底 \right) \qquad (5-1-1)$$

式中　m_5——由于筛分造成的损耗量（g）；

　　　m_0——用于干筛的干燥集料总质量（g）；

　　　m_i——各号筛上的分计筛余量（g）；

　　　i——依次为 0.075 mm、0.15 mm、……、至集料最大粒径的排序；

　　　$m_底$——筛底（0.075 mm 以下部分）集料总质量（g）。

（2）干筛分计筛余百分率。干筛后各号筛上的分计筛余百分率按式（5-1-2）计算，记入表（5-1-3）第（2）栏，精确至 0.1%。

$$P'_i = \frac{m_i}{m_0 - m_5} \times 100\% \qquad (5-1-2)$$

式中　P'_i——各号筛上的分计筛余百分率，；

　　　m_5——由于筛分造成的损耗量（g）；

　　　m_0——用于干筛的干燥集料总质量（g）；

　　　m_i——各号筛上的分计筛余量（g）；

i——依次为 0.075 mm、0.15 mm、……、集料最大粒径的排序。

（3）干筛累计筛余百分率。各号筛的累计筛余百分率为该号筛以上各号筛的分计筛余百分率之和，记入表 5-1-3 第（3）栏，精确至 0.1%。

（4）干筛各号筛的质量通过百分率。各号筛的质量通过百分率 P_i 等于 1 减去该号筛累计筛余百分率，记入表 5-1-3 第（4）栏，精确至 0.1%。

（5）由筛底存量除以扣除损耗后的干燥集料总质量，计算 0.075 mm 筛的通过率。

（6）试验结果以两次试验的平均值表示，记入表 5-1-3 第（5）栏，精确至 0.1%。当两次试验结果 $P_{0.075}$ 的差值超过 1% 时，应重新进行试验。

知识链接

粗集料筛分试验记录表填写案例，见表 5-1-4。

表 5-1-4　粗集料筛分试验记录表填写案例

干燥试样总质量 m_0（g）	第 1 组				第 2 组				平均
	3 000				3 000				
筛孔尺寸（mm）	筛上质量 m_i（g）	分计筛余百分率（%）	累计筛余百分率（%）	通过百分率（%）	筛上质量 m_i（g）	分计筛余百分率（%）	累计筛余百分率（%）	通过百分率（%）	通过百分率（%）
	（1）	（2）	（3）	（4）	（1）	（2）	（3）	（4）	（5）
水洗后干筛法筛分 — 19	0.0	0.0	0.0	100.0	0.0	0.0	0.0	100.0	100.0
16	696.3	23.2	23.2	76.8	699.4	23.3	23.3	76.7	76.8
13.2	431.9	14.4	37.6	62.4	434.6	14.5	37.8	62.2	62.3
9.5	801.0	26.7	64.4	35.6	802.3	26.8	64.6	35.4	35.5
4.75	989.8	33.0	97.4	2.6	985.3	32.9	97.4	2.6	2.6
2.36	70.1	2.3	99.7	0.3	68.5	2.3	99.7	0.3	0.3
1.18	8.2	0.3	100.0	0.0	7.9	0.3	100.0	0.0	0.0
0.6	0.5	0.0	100.0	0.0	0.2	0.0	100.0	0.0	0.0
0.3	0.0	0.0	100.0	0.0	0.0	0.0	100.0	0.0	0.0
0.15	0.0	0.0	100.0	0.0	0.0	0.0	100.0	0.0	0.0
0.075	0.0	0.0	100.0	0.0	0.0	0.0	100.0	0.0	0.0
筛底 $m_底$	0.0	0.0	100.0	—	0.0	0.0	100.0	0.0	—
干筛后总量 $\sum m_i$（g）	2 997.8	100.0	—	—	2998.2	100.0	—	—	—
损耗量 m_5（g）	2.2	—	—	—	1.8	—	—	—	—
损耗率（%）	0.07	—	—	—	0.06	—	—	—	—

| 注意事项 |

粗集料筛分试验的注意事项：

（1）集料试验的取样代表性非常重要，因为在不同条件下，集料都有可能离析或者变异，在试样四分法取样后应采用毛刷、铲刀等，对应收起因翻动而落在平板上的粉料，确保试验样品处于原样状态；

（2）如果试验为含有粗集料的集料混合料，套筛筛孔根据需要选择；

（3）如果筛底 $m_{底}$ 的值不是 0，应将其并入 $m_{0.075}$ 中重新计算 $P_{0.075}$。

步骤四　粗集料筛分试验验收

1. 现场整理

工作完成后，要按照 6S 的要求对现场进行整理，整理要求见表 5-1-5。

表 5-1-5　现场整理情况

名称	整理	整顿	清扫	清洁	安全
设备					
工具					
工作场地					

注解： 完成的项目打√，没有完成的项目打×。

2. 技术文件整理

技术文件整理按表 5-1-6 的要求进行。

表 5-1-6　技术文件整理情况

名　称	资料所包括内容
粗集料筛分试验任务单	
粗集料筛分试验记录	

3. 实习设备使用登记

实习设备使用登记情况见表 5-1-7。

表 5-1-7　实习设备使用记录表

设备使用记录表			
试验部门		试验日期	
试验名称	粗集料筛分试验		

（续）

试验仪器使用情况					
序号	名　称	使用之前检查情况	使用之后复查情况	使用日期	使用者	备注
1						
2						
3						
4						
5						

考核评价

粗集料筛分试验过程考核评价见表5-1-8。

表5-1-8　粗集料筛分试验考核评价表

学习任务五	粗集料的试验		项目一		粗集料的筛分试验		
班级：	姓名：		学号：		指导教师：		
评价项目	评价标准	评价依据	小组评价（30%）	教师评价（70%）	权重	得分	总分
职业素质	具有团队协作精神；（6分）	1. 教学日志；2. 课堂记录；3. 工作现场；4. 6S管理标准			6%		
	具有良好的心理素质和克服困难的能力；（6分）				6%		
	具有诚信、敬业、吃苦、耐劳的精神；（6分）				6%		
	具有科学、严谨、创新的工作态度；（6分）				6%		
	具备较强的安全生产意识、质量意识、标准规范意识、环保意识。（6分）				6%		
职业技能	筛分试样制备；（10分）	1. 试验任务单；2. 试验记录表			10%		
	备筛和筛余；（15分）				15%		
	粗集料的筛分试验；（30分）				30%		
	检测结果分析。（15分）				15%		

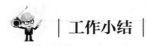

工作小结

粗集料筛分试验工作小结

（1）我们完成这项学习任务后学到哪些知识、技能和素质？

_____

_____

_____

_____

_____

_____

_____

_____

（2）我们还有些地方做得不够好，我们要怎样继续努力改进？

_____

_____

_____

_____

_____

_____

_____

_____

项目二　粗集料密度及吸水率试验

碎石是预拌混凝土的主要原材料之一，在混凝土中起骨架作用。而粗集料的表观密度是评价粗集料品质的重要依据，也是水泥混凝土配合比计算的重要参数之一，为水泥混凝土的施工提供重要的技术依据。

白银市某高速公路上有座大桥，按照设计要求，施工中必须保证外露混凝土的外观，因此保证混凝土中各原材料的质量是确保设计质量的基本要求。由于原材料缺乏，再加上施工条件限制，导致进场碎石的品质不稳定。在施工过程中，碎石品质时好时坏，混凝土的和易性和强度难以保持稳定，给质量控制造成严重影响。为此，该项目部委托实验室对碎石进行常规试验，并根据试验结果来控制粗集料的品质。现在需要进行粗集料的表观密度试验，实验室主任安排实验员做粗集料的表观密度试验，实验完成后，试验员需要对试验结果进行计算和评定，最后填写试验记录表，并交付实验室主任审核。

 接受任务

试验任务单见表 5 – 2 – 1。

表 5 – 2 – 1　试验任务单

工作地点	集料实验室	工　时	30 h	任务接受部门	实验室
下发部门		下发时间		完成时间	
工作内容					备注
(1) 取样，制备粗集料密度及吸水率试验（网篮法）的试样。 (2) 进行粗集料密度及吸水率试验（网篮法）。 (3) 进行粗集料密度及吸水率试验结果计算与评定。 (4) 填写粗集料密度及吸水率试验记录表。					

序号	粗集料密度及吸水率试验的技术参数	单位
1	γ_a：集料的表观相对密度，无量纲	
2	γ_s：集料的表干相对密度，无量纲	
3	γ_b：集料的毛体积相对密度，无量纲	
4	m_a：集料的烘干质量	g
5	m_f：集料的表干质量	g
6	m_w：集料的水中质量	g
7	w_x：粗集料的吸水率	%

 任务实施

知识链接　认识粗集料密度及吸水率试验（网篮法）

一、粗集料密度及吸水率试验（网篮法）的目的与适用范围

本方法适用于测定各种粗集料的表观相对密度、表干相对密度、毛体积相对密度、表观密度、表干密度、毛体积密度以及粗集料的吸水率。

二、术语和定义

(1) 表观密度（视密度）：单位体积（含材料的实体矿物成分及闭口孔隙体积）物质颗粒的干质量。

（2）表干密度（饱和面干毛体积密度）：单位体积（含材料的实体矿物成分及其闭口孔隙、开口孔隙等颗粒表面轮廓线所包围的全部毛体积）物质颗粒的饱和面干质量。

三、主要仪器介绍

（1）天平或浸水天平：可悬挂吊篮测定集料的水中质量，称量应满足试样数量称量要求，感量不大于最大称量的 0.05%，如图 5-2-1 所示。

（2）烘箱：能控温在 105 ℃ ±5 ℃。

（3）吊篮：耐锈蚀材料制成，直径和高度均为 150 mm 左右，四周及底部用 1~2 mm 的筛网编制或具有密集的孔眼。

（4）溢流水槽：在称量水中质量时能保持水面高度一定。

（5）毛巾：纯棉、洁净，也可用纯棉的汗衫布代替。

（6）温度计。

（7）标准筛。

（8）盛水容器（如搪瓷盘）。

（9）其他：刷子等。

图 5-2-1 浸水天平

步骤一　试验前的准备工作

（1）调平天平：将天平平放在操作台上，观察水准气泡是否居中，如果不居中，调节天平下方的地脚螺栓，直至水准气泡居中为止。

（2）将试样用标准筛过筛，对较粗的集料采用 4.75 mm 筛，对 2.36~4.75 mm 集料，或者混在 4.75 mm 以下石屑中的粗集料则用 2.36 mm 筛，用四分法缩分至要求的质量，分两份备用。对沥青路面用粗集料，应对不同规格的集料分别测定，不得混杂，所取的每一份集料试样应基本上保持原有的级配。在测定 2.36~4.75 mm 的粗集料时，试验过程中应特别小心，不得损失集料。

（3）经缩分后，供测定密度和吸水率的粗集料质量应符合表 5-2-2 的规定。

表 5-2-2　测定密度及吸水率所需要的试样最小质量

公称最大粒径（mm）	4.75	9.5	16	19	26.5	31.5	37.5	63	75
每一份的最小质量（kg）	0.8	1	1	1	1.5	1.5	2	3	3

（4）将每一份集料试样浸泡在水中，并适当搅动，仔细洗去附在集料表面的尘土和石粉，经多次漂洗干净至水清澈为止。清洗过程中不得散失集料颗粒。

步骤二　粗集料密度及吸水率试验

（1）取试样一份装入干净的搪瓷盘中，注入洁净的水，水面至少应高出试样 20 mm，轻轻搅动石料，使附着在石料上的气泡逸出，并在室温下保持浸水 24 h，如图 5-2-2 所示。

（2）将吊篮挂在天平的吊钩上，浸入溢流水槽中，如图 5-2-3 所示。再向溢流水槽中注水，水面高度至水槽的溢流孔，并将天平调零。吊篮的篮网应保证集料不会通过筛孔流失，对 2.36 ~ 4.75 mm 粗集料应更换小孔筛网，或在网篮中加放一个浅盘。

图 5-2-2　试样浸水　　　　　　　图 5-2-3　吊篮放入溢流水槽

（3）调节水温在 15 ~ 25 ℃，将试样移入吊篮中，溢流水槽中的水面高度由水槽的溢流孔控制以维持不变，称取集料的水中质量（m_w）。

（4）提起吊篮，稍稍滴水后，将试样倒入浅搪瓷盘中，或直接将较粗的粗集料倒在拧干的湿毛巾上，如图 5-2-4 所示。将较细的粗集料（2.36 ~ 4.75 mm）连同浅盘一起取出，稍稍倾斜搪瓷盘，仔细倒出余水，将粗集料倒在拧干的湿毛巾上，用毛巾吸走漏出的自由水。此步骤需要注意不得有颗粒散失或有小颗粒附在吊篮上。用拧干的湿毛巾轻轻擦干颗粒的表面水，至表面看不到发亮的水迹，即为饱和面干状态。当粗集料尺寸较大时，可逐颗擦干。注意对较粗的粗集料，拧湿毛巾时不要太用劲，防止拧得太干；对较细的含水较多的粗集料，毛巾可拧得稍干些。擦颗粒的表面水时，既要将表面水擦掉，又不能将颗粒内部的水吸出。整个过程中不得有集料丢失，且已擦干的集料不得继续在空气中放置，以防止集料干燥。

（5）在保持表干状态下，称取集料的干质量（m_f），如图 5-2-5 所示。

（6）将集料置于浅盘中，放入 105 ℃ ±5 ℃ 的烘箱中烘干至恒重，如图 5-2-6 所示。再取出浅盘，放在带盖的容器中冷却至室温，称取集料的烘干质量（m_a）

图 5-2-4　将浸水集料　　　图 5-2-5　集料称重　　　图 5-2-6　集料烘干
　放置在拧干的湿毛巾上

（7）对同一规格的集料应平行试验两次，取平均值作为试验结果。

（8）试验操作结束后，填写粗集料密度及吸水率试验记录表，见表 5-2-3。

表5-2-3　粗集料密度及吸水率试验记录表

集料规格（mm）	次数	试样的烘干质量（g）	试样的水中质量（g）	试样的表干质量（g）	表观相对密度		毛体积相对密度		吸水率（%）		备注
					测定值	平均值	测定值	平均值	测定值	平均值	
10~15	1										水温23℃
	2										

步骤三　粗集料密度及吸水率试验结果计算与评定

（1）表观相对密度 γ_a、表干相对密度 γ_s、毛体积相对密度 γ_b 分别按式（5-2-1）、式（5-2-2）及式（5-2-3）计算，保留小数点后3位。

$$\gamma_a = \frac{m_a}{m_a - m_w} \tag{5-2-1}$$

$$\gamma_s = \frac{m_f}{m_f - m_w} \tag{5-2-2}$$

$$\gamma_b = \frac{m_a}{m_f - m_w} \tag{5-2-3}$$

式中　γ_a——集料的表观相对密度，量纲为1；

γ_s——集料的表干相对密度，量纲为1；

γ_b——集料的毛体积相对密度，量纲为1；

m_a——集料的烘干质量（g）；

m_f——集料的表干质量（g）；

m_w——集料的水中质量（g）。

2. 集料的吸水率以烘干试样为基准，按式（5-2-4）计算，精确至0.01%。

$$w_x = \frac{m_f - m_a}{m_a} \times 100\% \tag{5-2-4}$$

式中　w_x——粗集料的吸水率。

（3）粗集料的表观密度（视密度）、表干密度、毛体积密度分别按式（5-2-5）、式（5-2-6）及式（5-2-7）计算，保留至小数点后3位。不同水温条件下测量的粗集料表观密度需进行水温修正，不同试验温度下水的密度及水的温度修正系数见表5-2-4，此表适用于在15~25℃环境中测定的情况。

$$\rho_a = \gamma_a \times \rho_T \text{ 或 } \rho_a = (\gamma_a - \alpha_T) \times \rho_w \tag{5-2-5}$$

$$\rho_s = \gamma_s \times \rho_T \text{ 或 } \rho_s = (\gamma_s - \alpha_T) \times \rho_w \tag{5-2-6}$$

$$\rho_b = \gamma_b \times \rho_T \text{ 或 } \rho_b = (\gamma_b - \alpha_T) \times \rho_w \tag{5-2-7}$$

式中　ρ_a——粗集料的表观密度（g/cm³）；

ρ_s——粗集料的表干密度（g/cm³）；

ρ_b——粗集料的毛体积密度（g/cm³）；

ρ_T——试验温度 T 时水的密度（g/cm³）；

ρ_w——水在 4 ℃时的密度，1.000 g/cm³；

α_T——试验温度 T 时的水温修正系数。

表5-2-4　不同水温时水的密度 ρ_T 及水温修正系数 α_T

水温（℃）	15	16	17	18	19	20
水的密度 ρ_T（g/cm³）	0.999 13	0.998 97	0.998 80	0.998 62	0.998 43	0.998 22
水温修正系数 a_T	0.002	0.003	0.003	0.004	0.004	0.005
水温（℃）	21	22	23	24	25	
水的密度 ρ_T（g/cm³）	0.998 02	0.997 79	0.997 56	0.997 33	0.997 02	
水温修正系数 a_T	0.005	0.006	0.006	0.007	0.007	

（4）重复试验的精密度，对表观相对密度、表干相对密度、毛体积相对密度，两次结果相差不得超过0.02，对吸水率不得超过0.2%。

知识链接

粗集料密度及吸水率试验（网篮法）记录表填写案例，见表5-2-5。

表5-2-5　粗集料密度及吸水率试验（网篮法）记录表填写案例

集料规格（mm）	次数	试样的烘干质量（g）	试样的水中质量（g）	试样的表干质量（g）	表观相对密度		毛体积相对密度		吸水率（%）		备注
					测定值	平均值	测定值	平均值	测定值	平均值	
10~15	1	1 222.3	774.5	1 229.9	2.730	2.729	2.684	2.682	0.62	0.64	水温 23 ℃
	2	1 314.5	832.6	1 323.1	2.728		2.680		0.65		

注意事项

粗集料密度及吸水率试验的注意事项：

（1）对2.36~4.75 mm集料，用毛巾擦拭时容易黏附细颗粒集料，从而造成集料损失，此时宜改用洁净的纯棉布擦拭至表干状态；

（2）在擦拭过程中，要用拧干的湿毛巾进行擦拭，不得用干燥的毛巾进行擦拭，以免把集料内部水分吸出；

（3）在称取表干质量的过程中，不得有集料颗粒丢失；

（4）恒重是指相邻两次称量间隔时间大于3 h的情况下，其前后两次称量之差小于该项试验所要求的精密度，即0.1%，一般在烘箱中烘烤的时间不得少于4~6 h。

步骤四　粗集料密度及吸水率试验验收

1. 现场整理

工作完成后，要按照 6S 的要求对现场进行整理，整理要求见表 5 - 2 - 6。

表 5 - 2 - 6　现场整理情况

名称	整理	整顿	清扫	清洁	安全
设备					
工具					
工作场地					

注解：完成的项目打√，没有完成的项目打×。

2. 技术文件整理

技术文件整理按表 5 - 2 - 7 的要求进行。

表 5 - 2 - 7　技术文件整理情况

名　　称	资料所包括内容
粗集料密度及吸水率试验任务单	
粗集料密度及吸水率试验记录表	

3. 实习设备使用登记

实习设备使用登记情况见表 5 - 2 - 8。

表 5 - 2 - 8　实习设备使用记录表

设备使用记录表					
试验部门			试验日期		
试验名称	粗集料密度及吸水率试验				
试验仪器使用情况					
序号	名　称	使用之前检查情况	使用之后复查情况	使用日期	使用者	备注
1						
2						
3						
4						
5						

考核评价

粗集料密度及吸水率试验过程考核评价见表 5-2-9。

表 5-2-9 粗集料密度及吸水率试验过程考核评价表

学习任务五	粗集料的试验		项目二		粗集料密度及吸水率试验		
班级：	姓名：		学号：		指导教师：		
评价项目	评价标准	评价依据	评价方式		权重	得分	总分
			小组评价（30%）	教师评价（70%）			
职业素质	具有团队协作精神；（6分）	1. 教学日志； 2. 课堂记录； 3. 工作现场； 4. 6S管理标准			6%		
	具有良好的心理素质和克服困难的能力；（6分）				6%		
	具有诚信、敬业、吃苦、耐劳的精神；（6分）				6%		
	具有科学、严谨、创新的工作态度；（6分）				6%		
	具备较强的安全生产意识、质量意识、标准规范意识、环保意识。（6分）				6%		
职业技能	抽取粗集料密度及吸水率试验试样的方法（10分）	1. 试验任务单； 2. 试验记录表			10%		
	制备粗集料密度及吸水率试验的试样；（15分）				15%		
	粗集料的密度及吸水率试验；（30分）				30%		
	检测结果分析。（15分）				15%		

工作小结

粗集料密度及吸水率试验工作小结

（1）我们完成这项学习任务后学到哪些知识、技能和素质？

_____

_____

_____

_____

_____

_____

_____

_____

_____

_____

（2）我们还有些地方做得不够好，我们要怎样继续努力改进？

_____

_____

_____

_____

_____

_____

_____

_____

_____

_____

_____

项目三　粗集料堆积密度及空隙率试验

　　碎石是预拌混凝土的主要原材料之一，而粗集料的堆积密度和空隙率是粗集料进场常规试验项目中的必试项目之一，为水泥混凝土和砂浆的施工提供重要的技术依据。白银市某高速公路上有座大桥，按照设计要求，施工中必须保证外露混凝土的外观，因此保证混凝土中各原材料的质量是确保设计质量的基本要求。由于原材料缺乏，再加上施工条件限制，导致进场碎石的品质不稳定。在施工过程中，碎石时好时坏，混凝土的和易性和强度难以保持稳定，给质量控制造成严重影响。为此，该项目部委托实验室对碎石进行常规试验，并根据试验结果来控制粗集料的品质。现在完成粗集料的密度及吸水率试验后，实验室主任安排实验员做粗集料堆积密度及空隙率试验，试验完成后，实验员需要对试验结果进行计算和评定，最后填写试验记录表，并交付实验室主任审核。

　｜接受任务｜

　　试验任务单见表 5 – 3 – 1。

表5-3-1　试验任务单

工作地点	集料实验室	工　　时	30 h	任务接受部门	实验室
下发部门		下发时间		完成时间	

工作内容	备注
（1）进行粗集料的堆积密度试验。 （2）进行粗集料的空隙率试验。 （3）进行粗集料堆积密度及空隙率试验的结果计算与评定。 （4）填写粗集料堆积密度及空隙率试验记录表。	

序号	粗集料堆积密度及空隙率试验的技术参数	单位
1	V：容量筒的容积	L
2	m_1：容量筒的质量	kg
3	m_w：容量筒与水总质量	kg
4	ρ_T：试验温度 T 时水的密度	g/cm³
5	ρ：与各种状态相对应的堆积密度	kg/m³
6	V_C：水泥混凝土用粗集料的空隙率	%
7	ρ_a：粗集料的表观密度	kg/m³

 ┃ **任务实施** ┃

 知识链接　认识堆积密度及空隙率试验

一、粗集料堆积密度及吸水率试验的目的与适用范围

测定碎石自然状态下堆积密度、紧装密度及空隙率。

二、主要仪器介绍

（1）电子天平：称量5 kg，感量5 g。

（2）容量筒：金属制，圆筒形，内径108 mm，净高109 mm，筒壁厚2 mm，筒底厚5 mm，容积约为1 L。

（3）标准漏斗。

（4）烘箱：能控温在105 ℃ ±5 ℃ 。

步骤一　试验前的准备工作

（1）调平天平：将天平平放在操作台上，查看水准气泡是否居中，如果不居中，调节天平下方的地脚螺栓，直至水准气泡居中为止。

（2）试样制备：用浅盘装来试样约 5 kg，在温度为 105 ℃ ±5 ℃ 的烘箱中烘干至恒重，再取出冷却至室温，并分成大致相等的两份备用。

步骤二　容量筒容积的校正

以温度为 20 ℃ ±5 ℃ 的洁净水装满容量筒，用玻璃板沿筒口滑移，使其紧贴水面，玻璃板与水面之间不得有空隙。擦干筒外壁水分，然后称量，再用式（5 - 3 - 1）计算筒的容积 V。

$$V = m_2' - m_1' \tag{5 - 3 - 1}$$

式中　V——容量筒的体积（mL）；

m_1'——容量筒和玻璃板总质量（g）；

m_2'——容量筒、玻璃板和水总质量（g）。

步骤三　粗集料堆积密度及空隙率试验

（1）堆积密度：将试样装入漏斗中，打开底部的活动门，使砂流入容量筒中，也可直接用小勺向容量筒中装试样，如图 5 - 3 - 1 所示。漏斗出料口或料勺距容量筒筒口均应为 50mm 左右，试样装满并超出容量筒筒口，用直尺将多余的试样沿筒口中心线向相反方向刮平，称取质量（m_1）。

（2）紧装密度：取试样一份，分两层装入容量筒，如图 5 - 3 - 2 所示。装完一层后，在筒底垫放一根直径为 10 mm 钢筋，将筒按住，并左右交替颠击地面各 25 次，共 50 次，然后再装入第二层。第二层装满后用同样方法颠实（但筒底所垫钢筋的方向应与第一层放置方向垂直）。两层装完并颠实后，添加试样超出容量筒筒口，然后用直尺将多余的试样沿筒口中心线向两个反向刮平，称取质量（m_2）。

图 5 - 3 - 1　堆积密度试验操作　　　　图 5 - 3 - 2　紧装密度试验操作

（3）试验操作结束后，填写细集料堆积密度及空隙率试验记录表，见表 5 - 3 - 2。

表5-3-2 粗集料堆积密度及空隙率试验记录表

集料规格（mm）	试验次数	容量筒的体积（mL）	容量筒的质量（g）	试样与容量筒质量(g)	试样质量（g）	堆积密度		试样的表观密度（g/cm³）	空隙率（%）	备注
						测定值（g/cm³）	平均值（g/cm³）			
集料规格（mm）	试验次数	容量筒的体积（mL）	容量筒的质量（g）	试样与容量筒质量(g)	试样质量（g）	紧装密度		试样的表观密度（g/cm³）	空隙率（%）	备注
						测定值（g/cm³）	平均值（g/cm³）			

步骤四 粗集料堆积密度及空隙率试验结果计算与评定

（1）堆积密度及紧装密度分别按式（5-3-2）和式（5-3-3）计算，保留至小数点后3位。

$$\rho = \frac{m_1 - m_0}{V} \qquad (5-3-2)$$

$$\rho' = \frac{m_2 - m_0}{V} \qquad (5-3-3)$$

式中 ρ——粗集料的堆积密度（g/cm³）；

ρ'——粗集料的紧装密度（g/cm³）；

m_0——容量筒的质量（g）；

m_1——容量筒和堆积砂的总质量（g）；

m_2——容量筒和紧装砂的总质量（g）；

V——容量筒容积（mL）。

（2）以两次平行试验结果的算术平均值作为测定值。

知识链接

粗集料堆积密度及空隙率试验记录表填写案例，见表5-3-3。

表5-3-3 粗集料堆积密度及空隙率试验记录表填写案例

集料规格（mm）	试验次数	容量筒的体积（mL）	容量筒的质量（g）	试样与容量筒质量(g)	试样质量（g）	堆积密度		试样的表观密度（g/cm³）	空隙率（%）	备注
						测定值（g/cm³）	平均值（g/cm³）			
9.5 ~26.5	1	10.002	3 392	18 995	15 603	1 560	1 560	2 690	42	
	2	10.002	3 392	18 895	14 503	1 550	1 560	2 690	42	

（续）

集料规格（mm）	试验次数	容量筒的体积（mL）	容量筒的质量（g）	试样与容量筒质量（g）	试样质量（g）	紧装密度		试样的表观密度（g/cm³）	空隙率（%）	备注
						测定值（g/cm³）	平均值（g/cm³）			
9.5	1	10.002	3 392	19 995	16 603	1 660	1 660	2 690	38	
26.5	2	10.002	3 392	19 995	16 603	1 660	1 660	2 690	38	

 | 注意事项 |

粗集料堆积密度及空隙率试验的注意事项：

（1）试样烘干后如有结块，应在试验前先捏碎；

（2）颠击要左右各25次，且两次的钢筋方向要垂直；

（3）颠击两次要垂直放置16 mm 的钢筋。

步骤五　粗集料堆积密度及空隙率试验验收

1. 现场整理

工作完成后，要按照6S 的要求对现场进行整理，整理要求见表5 - 3 - 4。

表5 - 3 - 4　现场整理情况

名称	整理	整顿	清扫	清洁	安全
设备					
工具					
工作场地					

注解：完成的项目打√，没有完成的项目打×。

2. 技术文件整理

技术文件整理按表5 - 3 - 5的要求进行。

表5 - 3 - 5　技术文件整理情况

名　称	资料所包括内容
粗集料堆积密度及吸水率试验任务单	
粗集料堆积密度及吸水率试验记录表	

3. 实习设备使用登记

实习设备使用登记情况见表 5 - 3 - 6。

表 5 - 3 - 6　实习设备使用记录表

设备使用记录表						
试验部门				试验日期		
试验名称	粗集料堆积密度及空隙率试验					
试验仪器使用情况						
序号	名　称	使用之前检查情况	使用之后复查情况	使用日期	使用者	备注
1						
2						
3						
4						
5						
6						

考核评价

粗集料堆积密度及吸水率试验过程考核评价见表 5 - 3 - 7。

表 5 - 3 - 7　粗集料堆积密度及吸水率试验过程考核评价表

学习任务五	粗集料的试验		项目三	粗集料堆积密度及吸水率试验		
班级：　　　　姓名：　　　　学号：　　　　指导教师：						
评价项目	评价标准	评价依据	评价方式		权重	得分	总分
			小组评价（30%）	教师评价（70%）			
职业素质	具有团队协作精神；（6分）	1. 教学日志；2. 课堂记录；3. 工作现场；4. 6S 管理标准			6%		
	具有良好的心理素质和克服困难的能力；（6分）				6%		
	具有诚信、敬业、吃苦、耐劳的精神；（6分）				6%		
	具有科学、严谨、创新的工作态度；（6分）				6%		
	具备较强的安全生产意识、质量意识、标准规范意识、环保意识。（6分）				6%		

（续）

评价项目	评价标准	评价依据	评价方式		权重	得分	总分
			小组评价（30%）	教师评价（70%）			
职业技能	试验仪具的使用方法和粗集料的振实操作；（10分）	1. 试验任务单； 2. 试验记录表			10%		
	粗集料堆积密度试验；（20分）				20%		
	粗集料紧装密度试验；（25分）				25%		
	检测结果分析。（15分）				15%		

 | 工作小结 |

粗集料堆积密度及吸水率试验工作小结

（1）我们完成这项学习任务后学到哪些知识、技能和素质？

_____

_____

_____

_____

_____

_____

_____

（2）我们还有些地方做得不够好，我们要怎样继续努力改进？

_____

_____

_____

_____

_____

_____

_____

_____

项目四　粗集料含泥量和泥块含量试验

　　粗集料中泥土杂物对粗集料的使用性能有很大的影响，当水分进入混合料内部时，泥土和泥块遇水会软化，影响混凝土的安定性。粗集料中含泥量和泥块含量如果过高的话，会导致混凝土干燥收缩、潮湿膨胀，影响混凝土的强度和耐久性。

　　白银市某高速公路上有座大桥，按照设计要求，施工中必须保证外露混凝土的外观，因此保证混凝土中各原材料的质量是确保设计质量的基本要求。由于原材料缺乏，再加上施工条件限制，导致进场砂子的品质不稳定。在施工过程中，砂子时好时坏，导致混凝土的品质难以保持稳定，给质量控制造成严重影响。为此，该项目部委托实验室对砂子进行粗集料常规试验，并根据试验结果来控制粗集料的品质，消除施工过程中粗集料品质不稳定对混凝土的影响。试验完成后，实验员需要对试验结果进行计算和评定，最后填写试验记录表，并交付实验室主任审核。

 ｜ 接受任务 ｜

　　试验任务单见表 5 - 4 - 1。

表 5 - 4 - 1　试验任务单

工作地点	集料实验室	工　　时	30 h	任务接受部门	实验室
下发部门		下发时间		完成时间	

工作内容	备注
（1）制备粗集料含泥量和泥块含量试验的试样。	
（2）进行粗集料含泥量试验。	
（3）进行粗集料泥块含量试验。	
（4）进行粗集料含泥量和泥块含量试验结果计算与评定。	
（5）填写粗集料含泥量和泥块含量试验记录表。	

序号	粗集料含泥量和泥块含量试验的技术参数	单位
1	Q_n：碎石或砾石的含泥量	%
2	m_0：试验前烘干试样质量	g
3	m_1：试验后烘干试样质量	g
4	Q_k：碎石或砾石中黏土泥块含量	%
5	m_2：4.75 mm 筛筛余量	g
6	m_3：试验后的烘干试样质量	g

│任务实施│

知识链接　认识粗集料含泥量和泥块含量试验

一、粗集料含泥量和泥块含量试验目的与适用范围

本方法仅用于测定碎石中粒径小于 0.075 mm 的尘屑、淤泥和黏土的总含量及 4.75 mm 以上泥块颗粒含量。

二、主要仪器介绍

（1）电子天平：称量 1 kg，感量不大于 1 g。

（2）烘箱：能控温在 105 ℃ ±5 ℃。

（3）标准筛：测含泥量时用孔径为 1.18 mm、0.075 mm 的方孔筛各 1 只；测泥块含量时，则用 2.36 mm 及 4.75 mm 的方孔筛各 1 只。

（4）容器：容积约 10 L 的桶或搪瓷盘。

（5）浅盘、毛刷等。

步骤一　试验前的准备工作

（1）调平天平：将天平平放在操作台上，查看水准气泡是否居中，如果不居中，调节天平下方的地脚螺栓，直至水准气泡居中为止。

（2）将来样用四分法或分料器法缩分至表 5-4-4 所规定的量，置于温度为 105 ℃ ±5 ℃ 的烘箱内烘干至恒重，冷却至室温后分成两份备用。

步骤二　粗集料含泥量试验

（1）称取试样 1 份（m_0），装入容器内，并加水，浸泡 24 h，用手在水中淘洗颗粒（或用毛刷洗刷），使尘屑、黏土与较粗颗粒分开，并使之悬浮于水中，如图 5-4-1 所示；缓缓地将浑浊液倒入 1.18 mm 及 0.075 mm 的套筛上，滤去小于 0.075 mm 的颗粒。试验前筛子的两面应先用水湿润，在整个试验过程中，应注意避免大于 0.075 mm 的颗粒散失。

（2）再次加水于容器中，重复上述过程，直到洗出的水清澈为止，如图 5-4-2 所示。

（3）用水冲洗余留在筛上的细粒，并将 0.075 mm 筛放在水中（使水面略高出筛中砂粒的上表面）来回摇动，以充分洗除小于 0.075 mm 的颗粒；然后将两筛上筛余的颗粒和容器中已经洗净的试样一并装入浅盘，置于温度为 105 ℃ ±5 ℃ 的烘箱中烘干至恒重，如图 5-4-3 所示，再冷却至室温，称取试样质量（m_1）。

图5-4-1　试样清洗浸泡　　　图5-4-2　试样反复清洗　　　图5-4-3　试样烘干

（4）试验操作结束后，填写粗集料含泥量试验记录表，见表5-4-2。

表5-4-2　粗集料含泥量试验记录表

规格（mm）	次数	试验前的烘干试样质量（g）	试验后的烘干试样质量（g）	含泥量		备注
				测定值（%）	平均值（%）	
0~4.75	1					
	2					

步骤三　粗集料泥块含量试验

（1）用4.75 mm筛将试样过筛，如图5-4-4所示。称取筛去4.75 mm以下颗粒后的试样质量（m_2）。

（2）将试样在容器中摊平，加水使水面高出试样表面，24 h后将水放掉，用手捻压泥块，然后将试样放在2.36 mm筛上用水冲洗，如图5-4-5所示，直至洗出的水清澈为止。

（3）取2.36 mm筛上试样，置于温度为105 ℃±5 ℃的烘箱中烘干至恒重，再冷却至室温，称取试样质量（m_3），如图5-4-6所示。

图5-4-4　试样过筛　　　　图5-4-5　试样浸泡及清洗　　　图5-4-6　试样烘干

（4）试验操作结束后，填写粗集料泥块含量试验记录表，见表5-4-3。

表5-4-3　粗集料泥块含量试验记录表

规格（mm）	次数	试验前的烘干试样质量（g）	试验后的烘干试样质量（g）	泥块含量		备注
				测定值（%）	平均值（%）	
0~4.75	1					
	2					

步骤四　粗集料含泥量和泥块含量试验结果计算与评定

（1）碎石的含泥量按式（5-4-1）计算，精确至0.1%。

$$Q_n = \frac{m_0 - m_1}{m_0} \times 100\% \tag{5-4-1}$$

式中　Q_n——碎石的含泥量；

m_0——试验前的烘干试样质量（g）；

m_1——试验后的烘干试样质量（g）。

（2）以两个试样试验结果的算术平均值作为测定值。两次结果的差值超过0.2%时，应重新取样进行试验。

（3）碎石的泥块含量按式（5-4-2）计算，精确至0.1%。

$$Q_k = \frac{m_2 - m_3}{m_2} \times 100\% \tag{5-4-2}$$

式中　Q_k——碎石中的泥块含量；

m_2——4.75 mm 筛筛余量（g）

m_3——试验后烘干试样量（g）

（4）以两个试样试验结果的算术平均值作为测定值。两次结果的差值超过0.1%时，应重新取样进行试验。

知识链接

粗集料含泥量和泥块含量试验记录表填写案例，见表5-4-4和表5-4-5。

表5-4-4　粗集料含泥量试验记录表填写案例

规格（mm）	次数	试验前的烘干试样质量（g）	试验后的烘干试样质量（g）	含泥量		备注
				测定值（%）	平均值（%）	
0~4.75	1	5 000	4 978.2	0.4	0.5	
	2	5 000	4 976.9	0.5		

表5-4-5　粗集料泥块含量试验记录表填写案例

规格（mm）	次数	试验前的烘干试样质量（g）	试验后的烘干试样质量（g）	泥块含量		备注
				测定值（%）	平均值（%）	
0~4.75	1	5 000	4 995.0	0.1	0.1	
	2	5 000	4 994.0	0.1		

│注意事项│

粗集料含泥量和泥块含量试验的注意事项：

不得将试样直接放在 0.075 mm 筛上用水冲洗，或者将试样放在 0.075 mm 筛上后在水中淘洗，以免误将小于 0.075 mm 的砂颗粒当作泥冲走。

步骤五 粗集料含泥量和泥块含量试验验收

1. 现场整理

工作完成后，要按照 6S 的要求对现场进行整理，整理要求见表 5 - 4 - 6。

表 5 - 4 - 6 现场整理情况

名称	整理	整顿	清扫	清洁	安全
设备					
工具					
工作场地					

注解： 完成的项目打√，没有完成的项目打×。

2. 技术文件整理

技术文件整理按表 5 - 4 - 7 的要求进行。

表 5 - 4 - 7 技术文件整理情况

名 称	资料所包括内容
粗集料含泥量和泥块含量试验任务单	
粗集料含泥量和泥块含量试验记录表	

3. 实习设备使用登记

实习设备使用登记情况见表 5 - 4 - 8。

表 5 - 4 - 8 实习设备使用记录表

设备使用记录表					
试验部门			试验日期		
试验名称	粗集料含泥量和泥块含量试验				
试验仪器使用情况					
序号	名 称	使用之前检查情况	使用之后复查情况	使用日期	使用者	备注
1						
2						
3						
4						
5						

| **考核评价** |

粗集料含泥量和泥块含量试验过程考核评价见表 5－4－4。

表 5－4－9　粗集料含泥量和泥块含量试验过程考核评价表

学习任务四	粗集料的试验		项目四	粗集料含泥量和泥块含量试验			
班级：　　　　姓名：　　　　　　学号：　　　　　　指导教师：							
评价项目	评价标准	评价依据	评价方式		权重	得分	总分
			小组评价（30%）	教师评价（70%）			
职业素质	具有团队协作精神；（6分）	1. 教学日志； 2. 课堂记录； 3. 工作现场； 4. 6S 管理标准			6%		
	具有良好的心理素质和克服困难的能力；（6分）				6%		
	具有诚信、敬业、吃苦、耐劳的精神；（6分）				6%		
	具有科学、严谨、创新的工作态度；（6分）				6%		
	具备较强的安全生产意识、质量意识、标准规范意识、环保意识。（6分）				6%		
职业技能	含泥量和泥块含量试样制备；（10分）	1. 试验任务单； 2. 试验记录表			10%		
	粗集料含泥量试验；（25分）				25%		
	粗集料泥块含量试验；（20分）				20%		
	检测结果分析。（15分）				15%		

 | **工作小结** |

粗集料含泥量和泥块含量试验工作小结

（1）我们完成这项学习任务后学到哪些知识、技能和素质？

_____

_____

_____

_____

_____

（2）我们还有些地方做得不够好，我们要怎样继续努力改进？

 项目五　粗集料的针片状颗粒含量试验

　　粗集料的针片状颗粒含量试验是粗集料进场后，工地实验室必须做的试验项目之一，是测定粗集料中针片状颗粒总含量的重要试验手段。粗集料中的针片状颗粒主要影响粗集料的空隙率，过量的针片状颗粒会互相干涉，影响混凝土拌和物的流动性和硬化后的强度。高标号的混凝土，尤其是桥梁隧道工程上使用的混凝土对粗集料的针片状颗粒总含量有严格的要求。

　　白银市有一家规模很小的商品混凝土搅拌站，对砂石原材料的质量把关非常不严，没有专业的实验员，只有一个收料人员，仅凭眼睛粗略查看，一些检测试验，如泥粉含量、细度、针片状颗粒总含量、针片状含量试验基本不做，就更别提砂、石骨料的级配筛分试验了。这些问题导致的结果就是预拌混凝土经常和易性差，工地施工困难，28 d强度太低，成本太高，面临被行业淘汰出局的窘境。后来聘请专业技术员后，重点解决了砂石骨料的劣质问题，状况才好转。

该商品混凝土拌和站新进场一批碎石，现委托实验室对该批碎石进行常规试验项目的检测。实验室主任把粗集料针片状颗粒含量试验交给实验员，在试验完成后，需要对试验结果进行计算和评定，最后填写试验记录表，并交付实验室主任审核。

 │接受任务│

试验任务单见表5 – 5 – 1。

表5-5-1 试验任务单

工作地点	集料实验室	工 时	30 h	任务接受部门		实验室
下发部门		下发时间		完成时间		
工作内容						备注
（1）取样，制备粗集料针片状颗粒含量试验的试样。 （2）进行粗集料针片状颗粒含量试验。 （3）进行粗集料针片状颗粒含量试验结果计算与评定。 （4）填写粗集料针片状颗粒含量试验记录表。						
序号	粗集料针片状颗粒含量试验的技术参数					单位
1	Q_e：试样的针片状颗粒含量					%
2	m_1：试样中所含针状颗粒与片状颗粒的总质量					g
3	m_0：试样总质量					g

| **任务实施** |

知识链接 **认识粗集料针片状颗粒含量试验**

一、粗集料针片状颗粒含量试验的目的与适用范围

（1）本方法适用于测定水泥混凝土使用的 4.75 mm 以上的粗集料的针片状颗粒含量，以百分率计。

（2）本方法测定的针片状颗粒是指使用专用规准仪测定的粗集料颗粒的最小厚度（或直径）方向与最大长度（或宽度）方向的尺寸之比小于一定比例的颗粒。

（3）本方法测定的粗集料中针片状颗粒的含量，可用于评价集料的形状及其在工程中的适用性。

二、主要仪器介绍

（1）水泥混凝土集料针状规准仪和片状规准仪如图 5-5-1 所示，片状规准仪的钢板基板厚 3 mm，尺寸应符合表 5-5-2 的要求。

（2）天平或台秤：感量不大于称量值的 0.1%。

（3）标准筛：筛孔孔径分别为 4.75 mm、9.5 mm、16 mm、19 mm、26.5 mm、31.5 mm、37.5 mm，试验时根据需要选用。

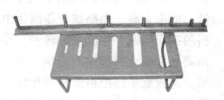

图5-5-1 针片状颗粒规准仪

表5-5-2　水泥混凝土集料针片状颗粒试验的粒级划分及其相应的规准仪孔宽或间距

粒级（方孔筛）（mm）	4.75~9.5	9.5~16	16~19	19~26.5	26.5~31.5	31.5~37.5
针状规准仪上相对应的立柱之间的间距（mm）	17.1（B1）	30.6（B2）	42.0（B3）	54.6（B4）	69.6（B5）	82.8（B6）
片状规准仪上相对应的孔宽（mm）	2.8（A1）	5.1（A2）	7.0（A3）	9.1（A4）	11.6（A5）	13.8（A6）

步骤一　试验前的准备

（1）调平天平。

（2）将来样在室内风干至表面干燥，并用四分法或分料器缩分至满足表5-5-3的质量，称量（m_0），然后筛分成表5-5-2所规定的粒级备用。

表5-5-3　针片状颗粒试验所需的试样最小质量

公称最大粒径（mm）	9.5	16	19	26.5	31.5	37.5
试样最小质量（kg）	0.3	1	2	3	5	10

步骤二　粗集料针片状颗粒含量试验

（1）目测挑出近立方体的规则颗粒，将属于针片状颗粒的集料按表5-5-2所规定的粒级用规准仪逐粒对试样进行针状颗粒鉴定，挑出颗粒长度大于针状规准仪上相应的间距而不能通过者，判定为针状颗粒，如图5-5-2所示。

（2）将通过针状规准仪上相应间距的非针状颗粒，逐粒对试样进行片状颗粒鉴定，挑出厚度小于片状规准仪相应的间距的颗粒，判定为片状颗粒，如图5-5-3所示。

（3）称量由各粒级挑出的针状颗粒和片状颗粒的质量，如图5-5-3所示，其总质量为m_1。

图5-5-2　挑选针状颗粒

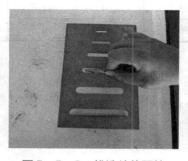
图5-5-3　挑选片状颗粒

图5-5-4　试样称重

（4）试验操作结束后，填写粗集料针片状颗粒含量试验记录表，见表5-5-4。

表5-5-4　粗集料针片状颗粒含量试验记录表

岩石类别	次数	试样总质量（g）	针状颗粒		片状颗粒		平均值（%）	备注
			质量（g）	含量（%）	质量（g）	含量（%）		
	1							
	2							
	1							
	2							

步骤三　粗集料针片装颗粒含量试验结果计算与评定

碎石或砾石中针片状颗粒含量按式（5-5-1）计算，精确至0.1%。

$$Q_e = \frac{m_1}{m_0} \times 100\% \qquad\qquad (5-5-1)$$

式中　Q_e——试样的针片状颗粒含量；

　　　　m_1——试样中所含针状颗粒与片状颗粒的总质量（g）；

　　　　m_0——试样总质量（g）。

注：如果需要可以分别计算针状颗粒和片状颗粒的含量百分数。

知识链接

粗集料针片状颗粒含量试验记录表填写案例，见表5-5-5。

表5-5-5　粗集料针片状颗粒含量试验记录表填写案例

岩石类别	次数	试样总质量（g）	针状颗粒		片状颗粒		平均值（%）	备注
			质量（g）	含量（%）	质量（g）	含量（%）		
石灰岩	1	2 235.6	67.2	3.0	94.2	4.2	7.0	
	2	2 350.2	70.5	3.0	90.5	3.8		
石灰岩	1	1 325.6	31.2	2.4	42.7	3.2	5.5	
	2	1 250.3	30.8	2.5	36.5	2.9		

 |注意事项|

粗集料针片状颗粒含量试验的注意事项：

规准仪法测定针片状颗粒含量比用游标卡尺法测定要少得多。这一点务必注意，两个方法千万不能混用。

步骤四　粗集料针片状颗粒含量试验验收

1. 现场整理

工作完成后，要按照 6S 的要求对现场进行整理，整理要求见表 5 – 5 – 6。

表 5 – 5 – 6　现场整理情况

名称	整理	整顿	清扫	清洁	安全
设备					
工具					
工作场地					

注解：完成的项目打√，没有完成的项目打 ×。

2. 技术文件整理

技术文件整理按表 5 – 5 – 7 的要求进行。

表 5 – 5 – 7　技术文件整理情况

名　称	资料所包括内容
粗集料针片状颗粒含量试验任务单	
粗集料针片状颗粒含量试验记录表	

3. 实习设备使用登记

实习设备使用登记情况见表 5 – 5 – 8。

表 5 – 5 – 8　实习设备使用记录表

设备使用记录表					
试验部门			试验日期		
试验名称	粗集料针片状颗粒含量试验				
试验仪器使用情况					
序号	名　称	使用之前检查情况	使用之后复查情况	使用日期	使用者	备注
1						
2						
3						
4						
5						
6						

考核评价

粗集料针片状颗粒含量试验过程考核评价见表5-5-9。

表5-5-9　粗集料针片状颗粒含量试验过程考核评价表

学习任务五	粗集料的试验		项目五	粗集料针片状颗粒含量试验			
班级：		姓名：	学号：	指导教师：			
评价项目	评价标准	评价依据	评价方式		权重	得分	总分
			小组评价（30%）	教师评价（70%）			
职业素质	具有团队协作精神；（6分）	1. 教学日志； 2. 课堂记录； 3. 工作现场； 4. 6S管理标准			6%		
	具有良好的心理素质和克服困难的能力；（6分）				6%		
	具有诚信、敬业、吃苦、耐劳的精神；（6分）				6%		
	具有科学、严谨、创新的工作态度；（6分）				6%		
	具备较强的安全生产意识、质量意识、标准规范意识、环保意识。（6分）				6%		
职业技能	针片状颗粒含量试样制备；（10分）	1. 试验任务单； 2. 试验记录表			10%		
	用规准仪检测粗集料针片状颗粒总含量；（20分）				20%		
	用游标卡尺检测粗集料针片状颗粒总含量；（25分）				25%		
	检测结果分析。（15分）				15%		

工作小结

粗集料针片状颗粒含量试验工作小结

（1）我们完成这项学习任务后学到哪些知识、技能和素质？

_____

_____

_____

_____

_____

_____

_____

_____

_____

（2）我们还有些地方做得不够好，我们要怎样继续努力改进？

_____

_____

_____

_____

_____

_____

_____

_____

项目六　粗集料的压碎值试验

　　粗集料的压碎值试验是检测粗集料在连续增加的荷载下抵抗压碎的能力，而粗集料在水泥混凝土中起骨架作用，它的品质好坏直接影响混凝土硬化后的强度。

　　白银市一家规模很小的商品混凝土搅拌站，对砂石原材料的质量把关非常不严，没有专业的实验员，只有一个收料人员，仅凭眼睛粗略查看，一些检测试验，如泥粉含量、粗度、压碎值、针片状颗粒含量试验基本不做，更别提砂、石骨料的级配筛分试验了。这些问题导致的结果就是预拌混凝土经常和易性差，工地施工困难，28 d 强度太低，成本太高，面临被行业淘汰出局的窘境。后来聘请专业技术员后，重点解决了砂、石骨料的劣质问题后，经营状况才好转。该商品混凝土拌和站新进场一批碎石，现委托实验室对该批碎石进行常规试验项目的检测。实验室主任把粗集料压碎值试验交给实验员，在试验完成后，需要对试验结果进行计算和评定，最后填写试验记录表，并交付实验室主任审核。

│ 接受任务 │

试验任务单见表 5 – 6 – 1。

表 5 – 6 – 1　试验任务单

工作地点	集料实验室	工　　时	40 h	任务接受部门	实验室
下发部门		下发时间		完成时间	
工作内容					备注
（1）取样，制备粗集料压碎值试验的试样。 （2）进行粗集料压碎值试验。 （3）进行粗集料压碎值试验结果计算与评定。 （4）填写粗集料压碎值试验记录表。					
序号	粗集料压碎值试验的技术参数				单位
1	Q_a'：石料压碎值				%
2	m_0：试验前试样质量				g
3	m_1：试验后通过 2.36 mm 筛孔的细料质量				g

 │ 任务实施 │

知识链接　认识粗集料压碎值试验

一、粗集料压碎值试验的目的与适用范围

集料压碎值用于衡量石料在逐渐增加的荷载下抵抗压碎的能力，是衡量石料力学性质的指标，以评定其在公路工程中的适用性。

二、主要仪器介绍

（1）石料压碎值试验仪：由内径 150 mm、两端开口的钢制圆形试筒以及压柱和底板组成，如图 5 – 6 – 1 所示。试筒内壁、压柱的底面及底板的上表面等与石料接触的表面都应进行热处理，使表面硬化，达到维氏硬度，并保持光滑状态。

（2）金属棒：直径 10 mm，长 450 ~ 600 mm，一端加工称半球形。

（3）天平：称量 2 g ~ 3 kg，感量不大于 1 g。

（4）标准筛：筛孔尺寸 13.2 mm、9.5 mm、2.36 mm 方孔筛各一个。

（5）压力机：500 kN，应能在 10 min 内达到 400 kN。

（6）金属筒：圆柱形，内径 112.0 mm，高 179.4 mm，容积 1 767 cm³。

图 5 – 6 – 1　石料压碎值试验仪

步骤一 试验前的准备工作

（1）调节天平。

（2）采用风干石料，用13.2 mm 和9.5 mm 标准筛过筛取3组9.5～13.2 mm 的试样各3 kg，供试验用。如过于潮湿需加热烘干，烘箱温度不应超过 100 ℃，烘干时间不超过4 h。试验前，石料应冷却至室温。

（3）每次试验的石料数量应满足按下述方法进行夯击，夯击后石料在试筒内的深度为100 mm。

📖 知识链接 在金属筒中确定石料数量的方法

将石料分3次（每次数量大致相同）均匀装入试模中，每次均将试样表面整平，用金属棒的半球面端在石料表面上均匀捣实25次，最后用金属棒作为直刮刀将表面仔细整平，并称取量筒中试样质量（m_0）。以相同质量的试样进行压碎值的平行试验。

步骤二 粗集料压碎值试验

（1）将试筒安放在底板上，如图5-6-2所示。

（2）将要求质量的试样分3次（每次数量大体相同）均匀装入试模中，如图5-6-3所示。每次均将试样表面整平，用金属棒的半球面端在石料表面上均匀捣实25次，最后用金属棒作为直刮刀将表面仔细整平。

图5-6-2 安装试筒　　　　　图5-6-3 试模加注石料

（3）将装有试样的试模放到压力机上，同时将加压头放入试筒内石料面上，如图5-6-4所示。注意使压头摆平，勿契挤试模侧壁。

（4）开动压力机，均匀地施加荷载，在10 min 左右的时间内使总荷载达到400 kN，稳压5 s，然后卸荷，如图5-6-5所示。最后将试模从压力机上取下，再取出试样。

（5）用2.36 mm 标准筛筛分经压碎的全部试样，可分几次筛分，均需筛到1 min 内无明显的筛出物为止，如图5-6-6所示。

（6）称取通过2.36 mm 筛孔的全部细料质量（m_1），精确至1 g，如图5-6-7所示。

图 5 - 6 - 4 安装加压头   图 5 - 6 - 5 试模加压

图 5 - 6 - 6 筛分压碎试样   图 5 - 6 - 7 称量细料

（7）试验操作结束后，填写粗集料压碎值试验记录表，见表 5 - 6 - 2。

表 5 - 6 - 2 粗集料压碎值试验记录表

次数	试验前试样质量（g）	通过2.36mm筛试样质量（g）	压碎值（%）		备注
			测定值	平均值	
1					
2					
3					

步骤三 粗集料压碎值试验结果计算与评定

（1）石料压碎值按式（5 - 6 - 1）计算，精确至 0.1% 。

$$Q'_a = \frac{m_1}{m_0} \times 100\% \qquad\qquad (5 - 6 - 1)$$

式中 Q'_a——石料压碎值；

m_0——试验前试样质量（g）；

m_1——试验后通过 2.36 mm 筛孔的细料质量（g）。

（2）以 3 个试样平行试验结果的算术平均值作为压碎值的测定值。

📖 知识链接

粗集料压碎值试验记录表填写案例，见表 5 - 6 - 3。

表5-6-3　粗集料压碎值试验记录表填写案例

次数	试验前试样质量（g）	通过2.36 mm筛试样质量（g）	压碎值（%）		备注
			测定值	平均值	
1	2 652	500	18.9		
2	2 652	505	19.0	18.9	—
3	2 652	496	18.7		

 |注意事项|

粗集料压碎值试验的注意事项：

（1）压柱放入试筒内石料面上，注意使压柱摆平，勿使压柱契挤筒壁；

（2）将筒内试样取出时，注意勿进一步压碎试样。

步骤四　粗集料压碎值试验验收

1. 现场整理

工作完成后，要按照6S的要求对现场进行整理，整理要求见表5-6-4。

表5-6-4　现场整理情况

名称	整理	整顿	清扫	清洁	安全
设备					
工具					
工作场地					

注解：完成的项目打√，没有完成的项目打×。

2. 技术文件整理

技术文件整理按表5-6-5的要求进行。

表5-6-5　技术文件整理情况

名　　称	资料所包括内容
粗集料压碎值试验任务单	
粗集料压碎值试验记录表	

3. 实习设备使用登记

实习设备使用登记情况见表5-6-6。

表5-6-6　实习设备使用记录表

设备使用记录表						
试验部门				试验日期		
试验名称	粗集料压碎值试验					
试验仪器使用情况						
序号	名　称	使用之前检查情况	使用之后复查情况	使用日期	使用者	备注
1						
2						
3						
4						
5						
6						

考核评价

粗集料压碎值试验过程考核评价见表5-6-7。

表5-6-7　粗集料压碎值试验过程考核评价表

学习任务五	粗集料的试验		项目六	粗集料的压碎值试验	
班级：　　　　姓名：　　　　学号：　　　　指导教师：					

评价项目	评价标准	评价依据	评价方式		权重	得分	总分
			小组评价（30%）	教师评价（70%）			
职业素质	具有团队协作精神；（6分）	1. 教学日志； 2. 课堂记录； 3. 工作现场； 4. 6S管理标准			6%		
	具有良好的心理素质和克服困难的能力；（6分）				6%		
	具有诚信、敬业、吃苦、耐劳的精神；（6分）				6%		
	具有科学、严谨、创新的工作态度；（6分）				6%		
	具备较强的安全生产意识、质量意识、标准规范意识、环保意识。（6分）				6%		

（续）

评价项目	评价标准	评价依据	评价方式		权重	得分	总分
			小组评价（30%）	教师评价（70%）			
职业技能	压碎值试样制备；（10分）	1. 试验任务单； 2. 试验记录表			10%		
	压碎值仪的装模操作；（15分）				15%		
	粗集料的压碎值试验；（30分）				30%		
	检测结果分析。（15分）				15%		

 工作小结

粗集料压碎值试验工作小结

（1）我们完成这项学习任务后学到哪些知识、技能和素质？

_____

_____

_____

_____

_____

_____

_____

_____

（2）我们还有些地方做得不够好，我们要怎样继续努力改进？

_____

_____

_____

_____

_____

_____

_____

_____